广府人联谊总会　广东省广府人珠玑巷后裔海外联谊会　广东人民出版社　合编

廣府文庫
The Canton Archives

U0381109

顺德桑园围

丁书云　著

南方传媒
广东人民出版社
· 广州 ·

图书在版编目（CIP）数据

顺德桑园围 / 丁书云著. — 广州：广东人民出版社，2023.11
（广府文库）
ISBN 978-7-218-17063-3

Ⅰ.①顺… Ⅱ.①丁… Ⅲ.①农田水利—研究—顺德 Ⅳ.① S279.2

中国国家版本馆 CIP 数据核字（2023）第 206191 号

Shunde Sangyuan Wei
顺德桑园围

丁书云 著

出 版 人：肖风华

丛书策划：夏素玲
责任编辑：易建鹏
封面设计：亦可文化
版式设计：广州六宇文化传播有限公司 Guangzhou Liuyu Culture Communication Co., Ltd.
责任技编：吴彦斌 周星奎

出版发行：广东人民出版社
地　　址：广州市越秀区大沙头四马路 10 号（邮政编码：510199）
电　　话：（020）85716809（总编室）
传　　真：（020）83289585
网　　址：http://www.gdpph.com
印　　刷：广州市豪威彩色印务有限公司
开　　本：787mm×1092mm　1/16
印　　张：12.25　　**字　数**：180 千
版　　次：2023 年 11 月第 1 版
印　　次：2023 年 11 月第 1 次印刷
定　　价：68.00 元

如发现印装质量问题，影响阅读，请与出版社（020-85716849）联系调换。
售书热线：020-87716172

《广府文库》编纂委员会

顾　　问：伍　亮　　谭璋球　　邵建明

主　　任：陈耀光
执行主任：吴荣治　　肖风华
副 主 任：陆展中　　黄少刚　　钟永宁
　　　　　陈海烈　　谭元亨

主　　编：陈海烈
副 主 编：何晓婷　　谭照荣　　夏素玲

《广府文库》编辑部

主　　任：夏素玲
副 主 任：罗小清
编　　辑：谢　尚　　易建鹏　　饶栩元

《广府文库》学术委员会

（按姓氏笔画为序）

总　序

广府文化，一般是指以珠江三角洲为中心的粤中，以及粤西、粤西南和粤北、桂东的部分地区使用粤语的汉族住民的文化，是从属于岭南文化范畴的中华文化重要组成部分。

先秦时期已有不少游民越五岭南下定居；秦朝大军征服南越后，不少秦兵留居岭南，成家立业，可以说是早期的南下移民；唐代以降，历代中原一带战乱频仍，百姓不远万里，相率穿越梅岭，经珠玑巷南下避难。这些早期的南下移民和其后因战乱而南来的流民分散各地，落地生根，开基创业。其中在珠江三角洲一带与原住民融洽相处、繁衍生息的，也就逐渐形成具有相同文化元素的广大族群，他们共同认可和传承的文化便成为多元的、别具一格的广府文化。

广府文化可圈可点的形态和现象繁多，若从中华民族发展的历史来看，广府核心地区最大贡献应该在于历代的中外交往，这种频密的交往，使近代"广府"成为西方先进事物传入中国、中国人向西寻求救国真理的窗口。西方文化是广府文化得以不断丰富和发展的重要来源，也成就了广府文化的鲜明特色。广府核心地区是中国民主革命的发源地。在近代以后，广府人与中国民主革命的关系特别密切。广府文化是中国民主革命发源于广东、广东长期成为中国民主革命中心地区的重要基础，而革命文化又成为广府文化最为耀目的亮点之一。孙中山和他的亲密战友们的著作、思想，以及康梁的维新思想从广义看来也应属民主革命思想范畴，他们的思想形成于广府地区，同样是讨论广府文化应予重视的内容。近代广州，是马克思主义早期传播的重要地区，又是中国共产党早期活动的重要舞台，可见广府文化与红色文化一直存在着千丝万缕的特殊关系。

上述数端，都是讨论广府文化时应予优先着眼的重中之重。

广府文化中的农耕文化也很值得称道。广府农耕文化是广府人的先祖为后人留下的一笔具有重大价值的遗产。曾经在珠江三角洲，特别是顺德、南海一带生活过的上了年纪的广府人，大都应该记得自己少小时代家乡那温馨旖旎的田园风光吧？昔日顺德、南海一带，溪流交织如网，仰望丽日蓝天，放眼绿意盈畴，到处是桑基、鱼塘、蕉林、蔗地。人与大自然的和谐相处，在这片平展展的冲积平原上表现得再鲜明不过了。从前人们在这里利用洼地开水塘，养家鱼；在鱼塘边种桑，用桑叶饲蚕；又把经过与鱼粪混凝的塘泥，垾上塘边的桑基作肥料培育桑枝，成熟的桑叶又成为蚕儿的食粮。真是绝妙的废弃物循环再利用！从挖塘养鱼到肥鱼上市；还有桑葚飘香、蚕茧缫丝的整个过程，就是一堂生动而明了不过的农耕文化课。那是先祖给子孙们一代复一代上的传统农耕文化课，教育子子孙孙应当顺应物质能量循环的规律进行生产。这千百年来不知道曾为多少农家受益的一课，如今已在时代进程中，在都市文化和时尚文化的冲击、同化与喧嚣中逐渐淡化以至消隐了，但先祖那份遗产的珍贵内涵，还是值得稳稳留住的，因为"人与自然的和谐相处"，永远是我们必须尊重、敬畏和肃然以对的课题。

广府人，广府事，古往今来值得大书特书者不知凡几！

广府人的先民来自以中原为主的四面八方，移民文化与原住民文化日渐相融，自然形成了异彩纷呈的多元性文化。例如深受广府地区广大观众喜爱的粤剧，就是显著的一例。据专家考究，粤剧是受到汉剧、徽剧以及弋阳腔、秦腔的影响而成为独具特色的剧种的。孕育于辛亥革命前后的广东音乐（亦称粤乐）也是突出的一例。这种源于番禺沙湾，音调铿锵、节奏明快的民族民间乐曲，也是历史上来自中原的外来音乐文化与广府本土音乐文化相结合，其后又掺入了若干西洋乐器如提琴、萨克斯管（昔士风）等逐渐衍变和发展而成的音乐奇葩。

在教育和学术领域方面，历史上的广府也属兴盛之区，宋代广府即有书院之设；到了明代，更是书院林立，成效卓著。书院文化也堪称广府文化中炫目的亮点。湛若水、方献夫、霍韬等分别在南海西樵山设立大科、石泉、四峰、云谷四大书院讲学，使西樵山吸引了各地名儒，一时成为全国瞩目的理学名山，大大提升了岭南文化品位的高度。到了明神宗时期，内阁首辅张居正厉行变法革新运动，民办书院一度备受打压。其后，也因民办书院的办学宗旨和教学方针并非以统治者的意志为皈依，故仍常被官府斥为异端，频遭打压，但民间创办书院的热情依旧薪火相传。清乾隆五十四年（1789），南海西樵名士岑怀瑾于西樵山白云洞内的应潮湖、鉴湖、会龙湖之间倡办的三湖书院，名声远播、成效甚著，可见当时民办书院的强大生命力未因屡遭打压而衰颓。康有为、詹天佑、中国近代民族工业的先驱陈启沅、美术大师黄君璧与有"岭南第一才女"美誉的著名诗人、学者冼玉清都是从三湖书院出来的名家。

清代两广总督阮元在广州越秀山创办学海堂书院，其后朝廷重臣、洋务运动的重要代表人物张之洞，又设广雅书院于广州，这两所书院引进了若干西方的教育理念，培育了一批新式人才，在岭南教育事业从旧学制到新学制转型的过程中起了不容低估的积极作用。这都是很值得予以论述的。

广府在史上商业发达，由于广州曾长期作为中国唯一合法的对外贸易口岸，因而商贸繁盛，经济发达。十三行独揽中国对外贸易法定特权达85年之久。十三行商人曾与两淮盐商和山陕商帮合称中国最富有的三大集团。如此丰厚的商贸沃土，孕育出许多民族企业家先驱和精英，也就是顺理成章的了。马应彪、简照南、利希慎、何贤、马万祺、何鸿燊、霍英东、郑裕彤、李兆基、吕志和等，就是其中声誉卓著的代表人物；在改革开放大潮中涌现的英杰奇才，更是不胜枚举。广府籍的富商巨贾和华侨俊杰，在改革开放的伟业中表现出来的爱国热忱、赤子情怀感人至深。他们纷纷以衷心而热切的行动，表现对改革开放的拥护和支持，为祖国的各项社会主义建设事业不惜投巨资、出大力，作出了有目共睹的巨大贡献。

广府地区在文学艺术方面也是英才辈出，清初"岭南三大家"屈大均、陈恭尹、梁佩兰享誉全国；近人薛觉先、马师曾、千里驹、白驹荣、红线女等在粤剧界各领风骚；高剑父、高奇峰、陈树人高举"岭南画派"的大旗，为岭南绘画艺术的创新和发展另辟蹊径；冼星海的组曲《黄河大合唱》，以其慷慨激昂的最强音，气势磅礴，有如澎湃怒涛，大长数亿中国人民的志气和威风，鼓舞不愿做奴隶的人们敌忾同仇，在抗日战争中横眉怒目，跃马横刀，终于使入侵的暴敌丢盔弃甲，俯伏乞降……中国的近现代史，不知洒落过几许广府人的血泪！百年之前，外有列强的迫害和掠夺，内有反动统治者的欺压和凌虐。正是那许多苦难和屈辱，催生了广府人面对丑恶势力拍案而起的勇气，他们纵然处于弱势，仍能给予暴敌以沉重打击的悲壮史实，足以使人为之泫然。清咸丰年间，以扮演"二花面"为专业的粤剧演员鹤山人李文茂，响应洪秀全号召，率众高举反清义旗，占领三水、肇庆，入广西，陷梧州，攻取浔州府，改浔州为秀京，建大成国；再夺柳州，称平靖王。19世纪中叶那两场以鸦片为名的战争，向侵略者认输的只是大清朝廷龙座上的道光皇帝和咸丰皇帝；而让暴敌饱尝血的教训的，却是虎门要塞的兵勇和三元里的农家弟兄。他们以轰鸣的火炮、原始的剑戟以至锄头草刀，把驾舰前来劫掠的强盗们打得落花流水。1932年，十九路军总指挥东莞蒋光鼐、十九军军长罗定蔡廷锴，率领南粤子弟兵，与入侵淞沪的日军浴血苦战，以弱胜强，以少胜多。那撼人心魄的淞沪抗日之战，不知振奋过多少中国人民！在强敌跟前，不自惭形秽，不自卑力弱，真可谓广府人可贵的传统风格。试想想，小小一名舞台上的"二花面"，居然敢于揭竿而起，横眉怒目，与大清帝国皇帝及其千军万马真刀真枪对着干，那是何等气概！何等胸襟！何等情怀！

那许多光辉的广府人和广府事，真足以彪炳千秋，自应将之铭留于青史，以敬先贤，以励来者。

岭南文化的典型风格是开放、务实、兼容、进取；广府民系的典型民风是慎终追远、开拓奋斗、包容共济、敢为天下先。这都是作为广府人应该崇尚和发扬的光荣传统。为何广东成为民主革命的策源地？为何广东在改革开放大潮中成了先行一步的排头兵？为何经济特区的建立首选在南海之滨……这些都可以从上面的概述中得到合理的解释。

以上只不过是信手拈来的三数显例而已，广府文化万紫千红，郁郁葱葱。说工艺园林也好，说民俗风情也好，以至说建筑、说饮食、说名山丽水……都言之不尽，诉之不竭。流连其间，恍如置身于瑰丽庄严的殿堂。那岂止是身心的享受，同时还仿佛感受到前贤先烈们浩然之气渗入胸襟，情怀为之激越无已。

广府！秀美而又端庄的广府！妩媚而又刚毅的广府！历经劫难而又振奋如昔的广府！往事越千年，这里不知诞生过几许英杰，孕育过几许豪贤！在她的山水之间，也不知演出过几许震古烁今的英雄故事！我们无限敬爱的先人，在这四季飘香的热土上所创造的精神财富和物质财富，其丰硕繁赡是难以形容和无法统计的。那一切，都是无价之宝啊！要不将之永远妥善保存和传承下来，那至少是对广府光辉历史的无视和对先祖的不恭。

基于此，广府人联谊会与广东人民出版社决定联合出版《广府文库》丛书，用以保存和传承老祖宗所恩赐的诸多珍贵遗产。我们将之作为自己肩上的光荣责任和必须切实完成的庄严使命。

《广府文库》的出版宗旨，在于传承和弘扬广府文化、广府民系的正能量，力求成为一套既属文化积累，又属文化拓展，既有专业论著，又能深入浅出、寓学术于娓娓言谈之中的出版物，高度概括和总结具有悠久历史的广府民系风貌和广府文化精粹，传而承之，弘而扬之，使之在社会主义建设，在中华民族的伟大复兴过程中起应有的积极作用。选题范围涵盖有关广府地域的各方面；出版学术界研究广府文化的高水平专著，以及受广大读者欢迎的有关普及读物；同时兼顾若干经典文献和民间文献的出版，使之逐步累积成为广府文化研究不可或缺的知识库和资料库，以"整理、传承、研究、创新"为基本编辑方针。《广府文库》内容的时间跨度无上下限。全套丛书计划出版100种左右，推出一批具有较高学术价值的原创性论著，以推动广府文化学术研究的创新性发展。内容避免重复前人研究成果、与前人重复的选题，要求后来居上，做到"借鉴不照搬，挖掘要创新"。选取广府文化史最为经典、最具代表性的部分，从具体而微的切入口纵深挖掘，写细写透，从而凸显广府精神的内核和广府文化的神髓，积跬致远，逐步成为广受欢迎和名副其实的文化宝库。

2021 年 12 月

目录

引　子

在宋代之前的很长一段时间，那个田连阡陌、丝织繁盛、渔业发达的珠江三角洲并未形成，如今万家灯火通明的珠江河口，在宋代之前还只是一个宽阔的海湾，大部分土地并未成陆，与世隔绝、人迹寥寥。随着时间的推移，海湾当中零星的高岗、山地渐渐冒出水面。时人或许并未想到，正是这些形如岛屿的高岗、山地，成了后来珠江三角洲地区发展壮大最早的也是最基本的依托。有了高岗、山地，才渐渐有了人活动的踪迹，而后有了对水的利用、对土地的开发、对商业的发展和对文化的建设。

而在人类文明依托的众多形形色色的山体或者岛屿当中，对珠江三角洲发展影响最大的是西樵山。西樵山是珠江文明中的重要山体，同时也是本书所讲述的主角桑园围内最为重要的山体，是桑园围建设的依托，这座山被考古学界、历史学界誉为"珠江文明的灯塔"。从地质结构来看，西樵山是一座死火山，它的地质遗迹位于如今佛山三水盆地的西南端，发育于珠江三角洲—西樵大断裂的交汇部位，主要受东西向深断裂控制。西樵山早在新石器时代便有人类活动的踪迹。在新中国成立之后，考古学界对西樵山的新石器时代遗址不断挖掘，取得了可观的成就，发现了西樵山分布的星星点点的贝丘遗址。贝丘遗址，从考古类型而言，指史前时期的废物堆，主要由软体动物壳与人类栖息的遗址组成。一般而言，贝丘遗址是古人类生活、居住的遗址。从广东省博物馆提供的贝丘遗址图来看，考古学界发现的西樵山贝丘遗址有50多种。我们在悠悠的历史长河中享受人类创造的文明成果时，仍然可以想象，彼时沧海茫茫，西樵山傲然屹立于珠江口的海湾当中，偶尔可见舟楫往来，产生了人类文明的点点星火。历史的发展证明，这点点星火后来成了燎原之势。

时间进入宋代以后，在自然的雄奇演变和人工伟力的双重作用之下，珠江三角洲地区得到大规模开发，沧海逐渐成为桑田。首先，从自然环境方面来看，随着海水日积月累的冲击，泥沙不断堆积，江海咸淡水线外移，河口环流发生改变，加上潮汐作用，泥沙堆积越来越多，直到演变成高地露出水面，沧海形成连片的陆地，便有了可供人类耕作的场所，这是大自然的鬼斧神工。接着，从人工伟力来看，居住于高岗之上的居民日益增多，土地不敷使用，人地矛盾加剧，为了使生活更加富足、扩大生产，开始与水争利。这主要表现在围海造田，并团结邻人、发挥群体的聪明才智，建设堤围水利系统。这种基围水利系统集运输、灌溉、排涝于一体，较好保障了农业生产，是人类集体智慧的结晶。桑园围便是在这种人工伟力的驱使之下，从零星的土基变为明清时期横跨南海、顺德两地的大围。

从宋元到明代再到清代，桑园围地区经历了从沧海中的岛屿与沧海中的陆地开发的历史进程，从沧海到桑田，从人迹寥寥到烟户繁众，并非一蹴而就，而是几百年发展累积的结果。明太祖朱元璋十分重视水利建设，不断颁布诏令推进土地开发，相传桑园围便是在洪武年间初步形成的。然而，在桑园围初建的漫长过程里，围内的景观仍然以沧海与岛屿为主。这一点，明代著名思想家湛若水有深刻的体会。

湛若水（1466—1560）是广东增城县甘泉都沙贝村（今属广州市增城区）人。由于家中贫穷，湛若水14岁才去上学读书。虽然湛若水的家庭普通得不能再普通，但他天资聪颖又刻苦好学，造就了他并不普通的一生。弘治五年（1492），26岁的湛若水便已经得中举人，而当时许多学子白发苍苍仍然在参加乡试，甚至终其一生都不能得到科举制度中最低等的功名——秀才。后来，湛若水受岭南鸿儒陈白沙赏识，成为他的衣钵传人，在陈白沙学说的基础上开创了甘泉学派，继而在桑园围的西樵山上建立书院宣扬甘泉学派的思想，一时使西樵山成为颇负盛名的理学名山。那时候，湛若水所看到的西樵山为主的桑园围的景观是这样的：

> 西樵顶上有八村，皆以业茶为生，如桃源洞中。诸村皆围其外，四方海岛又围其外，盗乱不及，遂有卜居之意。①

弘治九年（1496），湛若水游历了号称"百粤群山之祖""蓬莱仙境"的道教名山罗浮山，数年之后才来到当时还寂寂无名的西樵山。他站在西樵山上远眺，周边已有数个村落，村落里的居民世代以种茶、采茶为业，而在村落之外有岛屿，"四方皆绕大海"。湛若水觉得此情此景并不亚于罗浮山，因此萌生了定居西樵山的念头。几十年后，当湛若水来到西樵山定居，欣赏西樵美

---

① 湛若水：《甘泉先生续编大全》卷二十四《书付天真上人游西樵》。

景时，仍然赞叹不已，他还有感而发写了一首诗：

春动樵湖湖水生，绕樵湖水水如城。
衰翁独坐樵云顶，九十六峰齐月明。

湛若水丝毫不吝啬对西樵山的赞美，他还写了一篇记，大意是：罗浮山不如西樵山，就像天下知名的山水未必风景独特，风景独特的山水未必知名一样。湛若水的本意是夸赞西樵山风景秀丽，乃宜居之所，但我们从他的话语中可以看出，最起码在弘治年间（1488—1505）桑园围内地貌还是以沧海与岛屿为主。

从明代的弘治年间到清代的嘉庆年间（1796—1820），经过300年左右的发展，桑园围沧海与岛屿的状况发生了很大变化。明代四方皆绕大海，到清代则是围内桑基鱼塘、果基鱼塘、蔗基鱼塘普遍，海岛变为桑田，田连阡陌，成为沃壤，由此又被盛赞为"粤东粮命最大之区"，这是桑园围内从明到清农业与经济发展的变化。乾隆、嘉庆年间，顺德县龙山堡出了一位文人温汝能（1748—1811），他是乾隆五十三年（1788）举人，非常关心家乡事业，专门写了一本《龙山乡志》。这本书从桑园围内人群的居住形态描述了桑园围从沧海到桑田的变化历程：

考宋元以前，山外皆海，潦水岁为患，民依高阜而居，而居未盛也。越明代修筑诸堤，于是海变桑田，烟户始众。至今沃壤千顷，水贯其中，四面民居环绕至数万家，鸡犬鼓柝之声相闻，盛矣。①

---

① 温汝能：嘉庆《龙山乡志》卷一《龙山图说》。

这段话的意思是说，在宋元之前的很长一段时间，龙山乡为大海所环绕。这里的"山"并不仅仅指如西樵山一般的山体，而更多的是指浮出水面的高地、岛屿和山岗，由于潦水为患，居民只能居住在高地和山岗之上。自从明代修筑堤围之后，龙山这个地方才渐渐从大海变为桑田，居住的人口也多了起来。而到了温汝能所处的嘉庆年间，这个地方有千亩沃壤。人们不再是依山而居了，而是普遍围绕在河涌之旁，有数万家之多，鸡鸣声、狗叫声、巡夜的鼓声和柝声，声声不绝于耳，人烟非常繁盛。

从地理环境变迁的角度来看，桑园围内的成陆与整个珠江三角洲沧海变桑田的过程相同，即泥沙不断淤积。对此，古人同样有清晰的认识，同治《南海县志》的编纂者就看到了泥沙淤积与珠江三角洲成陆的变化：数千年以来，西、北两江冲击的泥沙遇到山体而停止流动，附着在山体旁边，越积越多，山体离水亦更远，难以再将淤积的泥沙冲走。久而久之，形成了田地，居民在田地上广种桑树，为了抵御大水对田地的侵袭，北宋之后居民筑堤建围，保护田地，这一带才有了"桑园围"的称呼。此前未筑堤的时候，大水浸淹田地，泥沙也随之加速淤积，"一年积二三分厚之泥沙，百年即二三尺厚之田地，自有堤而无水患，地亦无复加高"①。《南海县志》动态地描述了南海桑园围地区海水变桑田的过程。也就是说，从古人的视角来看，泥沙淤积是沧海逐步变化的动力，而岛屿之上人们的筑堤行动，也是捍卫桑田的重要力量。

本书所讲述的主角桑园围，便是如上文所述，起于沧海之上，

---

① 同治《南海县志》卷一二《金石略二》。

进而将沧海之上的岛屿连缀在一起，成为一道捍卫万亩桑田的防线，历经千年而不倒。那么这道防线如何建立？如何跨越南海和顺德？又如何进行维护？又为何成为灌溉遗产为世界所铭记？

各位看官，且听我们以顺德的视角为大家一一道来。

需要强调的是，本书以顺德为视角，一是因为桑园围水利工程宏大，难以面面俱到展现，而桑园围在顺德的堤围只有今龙江一段，是桑园围的尾巴，以往学界提到佛山桑园围，往往更多关注南海，而忽略顺德，本书以占桑园围一小部分的顺德为切入点，从小视野展现当时岭南地区乃至国家水利建设的大背景，无疑是一次大胆的创新的尝试。二是出于史实方面的考虑。桑园围成为横亘多堡的大围，顺德龙江人功不可没，顺德龙山堡小陈涌（今属龙江）人温汝适、温汝能提倡南、顺十四堡联合通修桑园围并积极促成官府发帑资助，是桑园围史上具有转折意义的事件；从民国到新中国成立后，顺德龙江段下游水闸的修筑及小围并入，使桑园围从开口围成为闭口围，最终实现联围。因此，顺德桑园围，是桑园围内具有重要意义的组成部分，是水利史上需要审视和研究的地方。

建围传说

何执中像

宋徽宗像

西樵山饭盖岗刻湛若水作七言绝句

博民治水图（顺德龙江桑园围广场供图）

博民治水

明洪武年間西口流水
之险倒湍焉台，陳博
民自携勢劃設計
邦镇築園固古六
堡以霄戶抛土運石
沉船填塞，整治加
固堤防解除年連
洪灾。玉今郷人
都賛頌博民治水
之德。

庚子年夏
松石浴九江
陳浩禮畫

建围之谜

北宋庆历四年（1044），也即北宋的第四位皇帝、戏文《狸猫换太子》中的主角宋仁宗在位的第二十三年。这一年，北宋政治家、参知政事（副宰相）范仲淹发起"庆历新政"，历时不到一年即告失败。范仲淹被排斥出京后，写下了"先天下之忧而忧，后天下之乐而乐"的名句，广为流传。他也随这种大爱精神为后世传颂。

与范仲淹的青史留名不同，这一年，在处州龙泉县（今属浙江丽水），诞生了一位颇有争议的人物，他在徽宗朝官至宰相。令人意外的是，他也是传闻中岭南桑园围的始创者。他的名字叫何执中。

何执中自幼家贫，但读书十分刻苦。宋神宗熙宁六年（1073），29岁的何执中考中进士，开始走上仕途。他先是担任台州、亳州的判官，后出任海盐县知县，入为太学博士。此时正是王安石变法如火如荼的几年，何执中还在基层历练，不断丰富自己的履历。其间，他曾经受命为皇子赵佶讲学。赵佶即位后（即宋徽宗），感念师恩，一路提拔何执中，他由此进入北宋政坛的高层，历任兵部侍郎、工部尚书、吏部尚书，更在崇宁年间（1102—1106）任尚书右丞（王安石变法时，相当于副宰相的参知政事一职被废除，代之以尚书左丞和右丞）。

何执中的职位升迁既与他丰富的从政经验有关，更关键是他善于站队。徽宗年间，蔡京上位，权倾朝野，在庙堂之上结党营私、贪赃枉法，以鱼肉百姓为乐，导致朝廷上下乌烟瘴气，中国古典小说四大名著之一《水浒传》的故事便是以此为背景。民间将蔡京及与之沆瀣一气的童贯、王黼、梁师成、朱勔、李彦等并称为"六贼"。而何执中在蔡京当权时，则一心一意追随蔡京，所以才能一路升迁，这应该是他一生洗不去的污点。

四年之后，何执中取代蔡京成为尚书左丞，引起了刚正不阿的太学生们的反对，但太学生的书生言论并未动摇何执中的地位。此时的皇帝宋徽宗是北宋的第八位皇帝、宋神宗的第十一个儿子，与他父亲雷厉风行的风格不同，宋徽宗擅长写诗、书法和作画，尤其在书法方面颇有天赋，他还开创了区别于以前楷体字的瘦金体，但作为皇帝，他却独不擅长治国和理政。他贪图享乐的性格，在当了皇帝之后并未改变，反而更加追求极致的奢侈，纸醉金迷、声色犬马，还在南方搜刮各种奇石名木，花费大量人力物力，千里迢迢运送至京城，称为"花石纲"。花石船队所到之处，当地要供应相应的钱粮和民役，花石运送到汴京之后，用于营建园林建筑艮岳。如此劳师动众，仅仅是为了满足皇帝一己私欲，民众对此自然是怨声载道。除此之外，宋徽宗赵佶还放任蔡京、童贯等人胡作非为，使得北宋王朝危机四伏。然而，面对这种状况，位同副相的何执中并未对自己的学生兼主子徽宗皇帝进行劝诫，也并未着力去纠正时弊，反而屡次迎合宋徽宗，企图粉饰太平，这一做法无异于"助纣为虐"。政和元年（1111），何执中与蔡京同为宰相，一右一左，把控了北宋朝局。五年之后，72 岁的何执中更是以太傅的身份荣休，次年去世，获赠太师、清源郡王。

何执中的一生褒贬不一，褒扬的说他一生为官清廉、刻苦好学，在仕途时勤政为民，做了不少好事；贬斥他的则认为他先与蔡京合流、后又与蔡京党争，曲意逢迎皇帝，实在德不配位。《宋史·何执中传》评价说：

> 其在政府，尝戒边吏勿生事，重改作，惜人材，宽民力。虽居富贵，未尝忘贫贱时。斥缗钱万置义庄，以赡宗族。性复谨畏，至于迎顺主意，赞饰太平，则始终一致，不能自克。

何执中既有爱惜人才、宽松民力、置办义庄的善举，又有粉饰太平、阿谀奉承的一面，这是正史给予他的评价，功过是非任由后人评说。纵观他的一生，我们可以发现，他是北宋徽宗时的宰相，一生并未在岭南地区任官，翻阅史料，发现他在中央尤其是在掌管水利兴修的工部任职期间，也并未颁布过任何在岭南地区兴修水利的文书，他在生前与岭南的桑园围也没有什么交集。然而，后世却有很多人认为，何执中是桑园围的修建者。清代为管理桑园围而在桑园围海舟堡建立桑园围总局，总局内祭祀许多对桑园围有贡献的先辈人物，何执中赫然居首位。奇也怪哉？这真是一个非常值得探究的历史疑题。

较早记载何执中修筑桑园围的是顺德龙山的温汝适。温汝适出生在乾隆二十年（1755），字步容，号筼坡。他在《记通修鼎安围各堤始末》一文中记叙了家乡桑园围的修筑情况：故老相传，桑园围始建于北宋仁宗至和、嘉祐年间，由何执中动工兴建。何执中的祠堂在河清堡，但是后来祠堂倾圮，现在仅留有一座故址。

　　仔细核实温汝适的这段记载，会发现有许多疑点。比如，温汝适所记载何执中生活的年代是仁宗至和、嘉祐年间，但实际上他生于神宗熙宁年间，仕宦主要在徽宗一朝。温汝适本人也对"故老相传"的建围传说有所怀疑，说：《宋史·何执中传》记载何执中是宋徽宗年间的宰相，主要活动在徽宗大观、政和年间，这一点与传言不同。但不知出于什么样的考虑，温汝适并没有进一步探究。

　　温汝适是桑园围历史上赫赫有名的人物，他提出南、顺十四堡对桑园围进行通修的主张，对桑园围的发展具有重要意义，因此他的上述记载在后来的《南海县志》《桑园围总志》《续桑园围志》等志书中被广泛采纳。即官方也采纳了温汝适的说法，认为何执中就是桑园围的建立者。

　　考察温汝适叙述的来源，无外乎"故老相传"和已经倾圮的河清祠的碑刻。"故老相传"也就是家乡老人们的传闻，既然是传闻，并不一定可靠。河清祠的碑刻由乾隆年间桑园围内一个名叫周尚迪的人所作，原文已不得见。清代光绪年间，桑园围内南海县镇涌堡石龙乡人纂修《重辑桑园围志》，文中有一段考证材料，提到了周尚迪写的河清祠关于何执中建围的碑文。碑文说何执中督筑桑园围的时候委派的是行中书省水利道，水利修筑完成后，为了褒奖他的功绩，朝廷晋封他为东阁大学士。然而，行中书省的建置至元代才有，东阁置官是明代才开始的。更荒唐的传言，说碑文提及的吉赞横基是明洪武年间的陈博民征得张朝栋（宋代人）同意后才动工。

　　这说明，桑园围在宋代和元代的记载有所缺失，且难以考证，能够考证的最早文献是元朝末年黎贞写的《谷食祠记》。但《谷食祠记》并没有提到何执中这个人，而周尚迪的碑文成文于清代。

其中关于何执中等人的建围传说，所提到的许多制度并非产生在何执中所生活的宋代，而是以明代的制度为基础，说明何执中建围不过是后人的附会。而官方为了加强对桑园围的管理，有意采用了这种说法，才致使后来的文献普遍认为桑园围的初建者是北宋的何执中。这一段扑朔迷离的建围传说，何执中本人如果知道，也要吃惊地感叹一句"与我何干"！

虽然何执中建立桑园围的说法经不起推敲和考证，但何执中所生活的年代确是西江流域广泛修建基围水利的时期。事实上，王安石变法颇为重视水利，出台了专门的农田水利法，自熙宁三年至九年（1070—1076），全国开发水利田10793处，计361178顷（1顷合100亩）。这一时期，广州及周边地区也修筑了多处水利设施来护田。处于桑园围上游的高要、高明等地，已陆陆续续建立许多堤围。这些堤围经两宋和元代的发展，陆续扩大到南海、顺德等地区，零星的基围逐渐连缀，成为大围。明清时期横跨南海、顺德的桑园围也有可能就是由这些零星的小围慢慢扩展而来的。

治水英雄

历史的车轮滚滚前进，很快进入了明朝。明朝的创立者朱元璋，出身草根，曾经为了吃饱饭而沿街乞讨。平民出身，使他能够深刻体会民间之苦，即位之后便颁布了一系列与民休养生息的政策。农业时代，水利事关农业发展，直接影响百姓的吃饭问题。朱元璋尤为重视水利。也正是其在位的洪武年间，南海布衣陈博民请求建立桑园围，这是桑园围有明确建立年代的开始，具有划时代的意义。陈博民也因此被后世的珠江三角洲地区民众推崇为治水英雄。

陈博民，生卒年不详，他的家乡南海县九江乡位于桑园围内。或许是由于他只在南海一隅活动，又或许是当时的岭南文风不盛，关于陈博民的生平，明代文献里找不到一丝记载。反而是清代顺治年间九江乡人专门编撰的乡志《南海九江乡志》，在表彰对九江历史发展做出重大贡献的人物时，重点介绍了他。《南海九江乡志》中说，陈博民字克济，号东山，因为慷慨有才，在家乡十分出名。洪武年间，南海九江地区由于濒临西江，水患频发，陈博民看到家乡屡次被淹，百姓流离失所，十分痛心，决心改变这种状况，修建堤围以抵御水灾。他仔细调查了当地水灾频发的原因，发现九江有个叫倒流港的地方，位于甘竹滩附近，紧靠西江。每次大水来袭，倒流港便引起洪水倒灌，加剧水灾，整个九江乡都不能幸免于难。因此得出九江水灾的解决之道，在于堵塞倒流港。陈博民想到应对之策后，评估了堵塞倒流港的难度，认为要顺利施工必须得到政府的支持：有了政府的支持，才好联合九江及附近乡民。洪武二十八年（1395），陈博民历经千辛万苦来到当时的京城南京，请求面见皇帝陈述南海地区的水患状况。他希望皇帝能下旨堵塞倒流港、建立堤围。

由于史料的缺乏，我们无法还原陈博民面见皇帝的细节，但最终的结果是朱元璋同意了陈博民的请求，"下有司董其役"，并让陈博民主持修建堤围工程事宜。这一大工程也就是后来的桑园围。《南海九江乡志》对陈博民上奏堵塞倒流港、修筑堤围的情形进行了详细描述和还原：

> 海濑湍激，沉壁难施，公（陈博民）取大船数艘，实以石，沉于港口，水势渐杀。十八堡田户共运土填筑，乘工役，

上自丰滘，下自狐狸，绕龙江、三水周数十里，各筑高五尺，半载工竣。十八堡士民建祠崇祀，颜曰谷食，古冈黎贞为记。①

陈博民受命主持倒流港的堵塞及堤围的修筑任务，面临海水湍急、沉壁难施的严峻状况，他找来数艘装满石头的大船，将石头运送至港口沉入水中，这样，凶猛的水势得到遏制。倒流港的堵塞很大程度上缓解了水灾问题，但他很快意识到，仅仅靠堵塞还远远不够，因此，他又号召西江流域十八堡的居民共同运送土石来修筑堤围。

这一宏大的工程从一个叫丰滘的地方开始，到一个叫狐狸的地方结束，主要环绕龙江、三水等地，长达数十里。工程的任务是将各地堤围加高五尺，以期有效遏制水患，工程持续了半年才竣工。从堤围分布的地点来看，这一工程便是后来珠江三角洲地区最大的堤围水利工程——桑园围，治水之将陈博民无疑对桑园围有开创之功。

桑园围内十八堡的居民感念陈博民的功德，集资建立祠堂纪念他，这个祠堂叫"谷食祠"。"谷食"即粮食，将纪念陈博民的祠堂称为"谷食祠"，意在说明陈博民修建的堤围能保障居民的粮食生产，是他们赖以生存的基础。祠堂建成后，居民还特意请来新会（唐时在新会地区置冈州，后人称为古冈）文人黎贞写下《谷食祠记》，以传颂陈博民的伟大事迹。《谷食祠记》成为传世资料当中最早记载陈博民修筑桑园围这段历史的资料，后来被南海、顺德的县志、乡志及三部桑园围志作为经典文献引用。

---

① 《南海九江乡志》卷四《潘德列传》。

陈博民凭修筑桑园围而青史留名，但桑园围修筑完成后，他和他家族的生活状况便再无历史记载，后代大都湮没无闻。幸运的是，因为《谷食祠记》，我们得以了解到更多陈博民治水的细节。

> 南海广之沃壤，唯鼎安沿流西江，……逾西樵山入海，湍濑冲激，涨阡陌，圮滨江民庐舍，岁相望不绝，民束手屏末耜，罔攸措。前代虽有堤防，寻起寻伏，不过踵白圭之余法耳。洪武季年，九江陈博文乃相原隰，谓夏潦之患，势莫雄于倒流港，塞之必杀其流。于是度以寻尺约其规矩，简易如指诸掌，乃入京师，稽颡玉阶下，悉缕陈其便宜。太祖高皇帝深嘉之，……即敕有司呼子来之民，率疏附之众，属博文董其役。由甘竹滩筑堤，越天河抵横岗，络绎亘数十里，经始于丙子秋，告成于丁丑夏，是岁大稔，民皆举手加额相庆曰：帝德如天，粒我烝民，万世利也。然非陈氏子勇于有为，则下民疾苦，上何由而知乎？今馁者有余粟，寒者有余衣，父子以乐，室家以和，无流离饥殍者，伊谁之力也？不有报德，何以劝善？乃相率鸠材，建堂三间，额曰谷食，为游息之所。①

黎贞文首回顾了明初西江沿岸基围修筑的历史过程，说早在明代之前，西江流域便有了堤围。但由于洪水迅猛不定，也可能时人并未掌握洪水的规律，堤围有的消失，有的在洪水来临时又重建，如此反反复复，但终不能有效地抵御洪水。洪武二十七年

---

①《龙山乡志》卷十一《艺文志·谷食祠记》。

（1394），西江又发大水，陈博民看到珠江三角洲地区因为洪水而饥荒遍野、民不聊生，便赶到京城请求觐见皇帝，陈明家乡的灾情，奏请堵塞倒流港。在朱元璋的授意之下，陈博民负责西江流域基围的修筑事宜。陈博民修筑的基围由甘竹滩开始，越天河到横岗，绵延数十里。其中的甘竹、横岗等地名在如今的桑园围内仍然可以找到对应的地点。甘竹在明清两代为顺德的甘竹堡，今属佛山市顺德区。横亘在勒流和龙江交汇处的甘竹滩，乃是明清桑园围的"尾巴"。横岗则是指南海西樵的横岗村。以上可以佐证陈博民所修筑的堤围工程便是桑园围。

值得一提的是，陈博民的远代子孙陈梦兰，是明中期著名思想家、哲学家，心学的奠基者，广东唯一一位从祀孔庙的大儒陈白沙的弟子。陈梦兰因文采斐然而成为县学的生员。《谷食祠记》的作者黎贞，元末明初人，与中国近代史上主张变法维新的梁启超是同乡。万历《新会县志》中，有一篇传记专门记载了他的生平：黎贞，字彦晦，号秝坡，曾拜南海县平步堡的孙蕡为师。孙蕡是明朝初年广东著名诗人，与王佐、黄哲、李德、赵介一起并称为"南园五子"。其中，孙蕡是南园五子之首。朱元璋特别喜欢他的诗，特授职翰林典籍，因此孙蕡有"孙典籍"之美誉。

《谷食祠记》中，黎贞回顾了陈博民修筑堤围的前因后果，抑制不住对其歌功颂德：

> 天生烝民，稼穑是依，畴昔洪水，黎民阻饥。禹稷既兴，万世农师，财成其道，辅相其宜。水患既平，百谷既生，乃粒乃食，乃安乃康。后世有作，孰继其良，尧佐于滑，子瞻于杭。彼美博文，颉颃前人，才堪抚众，志存济民。挟策献纳，前席讲论，功加当时，泽被后昆。桑田沧

海，坐见迁改，以耕以牧，以劳以来。畎亩呈祥，鲛鳄远害，建祠报德，流芳千载。

陈博民的功绩可谓功在千秋、泽被后世，深刻影响了桑园围的发展，也奠定了西江流域从沧海到桑田的基础。正是在陈博民主建基围轮廓的基础上，后来的人们不断进行完善和补充，最终形成了横跨南海、顺德两县的大围。而占桑园围十分之七的南海和十分之三的顺德，则又在沧海桑田的变迁中演绎了丰富多彩的故事。基于这些贡献和影响，后人将陈博民奉为治水英雄。陈博民上奏请求修建堤围的事迹，也广泛被珠江三角洲其他地区所仿效和学习。比如明代高要县的黄阿思，便仿效陈博民上奏请求在家乡修筑横查堤和丰乐大堤围；高要人严福，也在明朝永乐年间仿照陈博民上奏修筑高要大沙围。此类事例，不一而足。

置县风波

明太祖坐像（台北故宫博物院藏）

"敕封忠义乡"石额（佛山市博物馆藏）

"灵应祠"木匾额（佛山祖庙
博物馆藏）

广州沙面萧养石塑像

洪武治水

1368年，草根出身的朱元璋打败元廷及各路义军，统一全国，建元洪武，开始了中国历史上明王朝276年的统治。这一时期，是珠江三角洲地区基围水利工程大发展时期。大发展的原因，除了珠江三角洲冲积平原面积的扩大、明代居民的围海造田活动之外，还跟明王朝一度十分关注民生发展、颁布了一系列重视水利建设的政策有关。而奠定这一系列水利建设政策基础的，便是开国皇帝朱元璋。

早在统一天下不久的洪武初年，朱元璋便颁布了一道诏书，诏书说："朕现在下诏给掌管水利的相关部门，如果有民众因为水利事宜上奏的，请马上上报。"[①] 在诏书颁布之后，全国掀起了水利建设的高潮。珠江三角洲地区多个地方的基围，都是在这时兴建的，如上文所说的黄阿思、陈博民等陈奏兴修基围。

洪武二十六年（1393），朱元璋继续颁布诏令，强调对水利事业的重视，且明确规定了国家管理水利的措施，具体内容如下：

> 凡各处闸、坝、陂、池，引水可灌田亩以利农民者，务要时常整理疏浚。如有河水横流泛滥、损坏房屋田地禾稼者，须要设法堤防止遏。或所司呈禀，或人民告诉，即

---

① 参见《明史·河渠志六·直省水利》，中华书局1974年版，第2145页。

便定夺奏闻。若隶各布政司者，照会各司。直隶者，札付各府州，或差官直抵处所，踏勘丈尺阔狭，度量用工多寡。若本处人民足完其事，就便差遣。傥有不敷，着令邻近县分添助人力。所用木石等项，于官见有去处支用。或发遣人夫，于附近山场采取，务在农隙之时兴工，毋妨民业。如水患急于害民，其功可卒成者，随时修筑，以御其患。[①]

　　这一规定主要是为了保障民生，诏令各地时常疏浚河道，如果有河水泛滥破坏了农民的田地和房屋，那么全国各地相关机构也要承担相应的责任。各部门须设法阻遏洪水，并依照农闲和农忙的规律，修筑相应的水利设施。鉴于水利对农业的重要性，翌年朱元璋又下了一道诏书给负责全国兴修水利的工部，强调不论是陂塘还是湖堰，只要是蓄积排放水流从而用来防备旱灾和涝灾的，都必须顺着当地的地势修筑治理。

　　除颁布政策之外，朱元璋也十分担心地方上的人缺乏治水经验，于是广泛派出自己信任的国子监生等人才，遍访天下各地，督促地方兴修水利。到了第二年冬天，各地纷纷向皇帝报告兴修水利的情况。据不完全统计，那时全国已经挖掘塘堰40987处，可见朱元璋对水利和民生的重视程度。在此之后，如果全国还有兴修水利的地方，朱元璋也主张兴修时要么从本地征发劳役、从乡邻募集资金、从官库中支取所需物料，或者派人从山场中采集物料，或者趁着农闲时集中劳动力，或者按实际情况让地方官随时兴修，又或者直接派遣大臣监督完成。

　　朱元璋的水利政策，作为祖宗之法，为继任者所延续。弘治

---

① 正德《明会典》卷一百五十八《工部·都水清吏司·河渠》，第351页。

年间，朝廷修订了《大明会典》，将明朝的典章制度条文化，以供后世遵循。朱元璋的水利政策也被列入《大明会典》中，载在工部的《诸司职掌》条目下，作为王朝世代遵循的政策。总之，朱元璋的水利政策定下了朝廷在水利管理方面的总基调。细致分析以上条文内容，可以管窥明朝水利管理的特点。

首先，从朱元璋的规定可以看出，皇帝和官吏具有维护国家水利的权力。水利设施关乎国家农业生产和税收，水利的发展有利于维护国家的统治。因此，朱元璋才下发诏书给中央和地方的官僚，让他们随时疏浚和整理各地有利农业生产的闸坝陂池，而且要及时采取措施遏制河水泛滥成灾。朱元璋还亲自选拔国子监生及其他水利人才，让他们去各地巡访，以调查全国各地的水利状况，督促兴修水利。这也是作为国家统治者的皇帝和官僚发挥其政治权力的表现。

其次，朱元璋对兴修和维护水利的方法，也有具体的规定：或由相关职能部门禀告，或由民众上书告诉皇帝和官员，由皇帝召见官员、民众奏问。此处的相关职能部门大部分时候指的是地方官府，而在等级森严的封建制度下，民众也有上诉的权力。这说明明朝在维护水利方面，既有官方的管理制度，也有民众的自发参与，官方采取措施鼓励民众积极参与其中。

珠江三角洲的基围水利设施建设也秉持着这种原则，比如我们所讲述的对桑园围做出巨大贡献的陈博民，便以布衣身份远赴南京上奏朱元璋，请求修筑桑园围，开创了明代珠江三角洲由民间自发上奏请求政府维护基围水利设施的先例。陈博民的事迹在珠江三角洲地区广为流传，他上奏修筑堤围的行为也被很多人效仿，例如洪武三十年，南海大同堡的乡民程君保呈请堵塞南栅滘，也得到了朱元璋准许。肇庆府高要县的丰乐大围，位于高要县城以东 80 里的依坑都，东北与四内围等八都相连，规模较大，保护农田 1000 多顷。这一高要县著名的大围是永乐年间高要人黄阿思仿照陈博民上奏朝廷修筑的。

高明县大沙堤的修筑，是一段有争议的公案。相传大沙堤初次修筑于元末至正年间，明代嘉靖年间被大水冲决，高明知县陈坡加以修复。而高明当地颇有声望的严氏家族对大沙堤修筑于元末的说法表示怀疑，他们认为：洪武年间陈博民在西江下游修筑了桑园围，到了永乐年间，他们的先祖严福为了防止高明一带受西江水冲击，便仿效陈博民上奏修筑了大沙堤，所以大沙堤应该是明永乐年间所修，而并非传闻中的至正年间。大沙堤具体的修筑时间，至今并无定论，由于史料的缺失，也无法考证了，但严氏家族的辩驳却清清楚楚地记载在明万历年间编纂的《肇庆府志》中，使这一争论得以流传下来。由官方组织修撰的地方志并未否定严氏修筑大沙堤一事，进一步说明了永乐年间严福奏修高明大沙堤围一事具有一定的真实性。

以上例子都足以说明，在珠江三角洲地区，由民众上奏是维护基围水利设施的方法之一，但民人上奏的对象是官府，水利维护与否也是官府决定的，这是古代中央集权统治所决定的。

再次，朱元璋规定，中央政府、地方府州县有维护和兴修水利的责任，而民间的奏诉也必须经过政府的同意，地方官在水利的兴修和维护中负有主要责任。在民间上奏被准许之后，水利的兴修和维护便面临三种情况：第一种，如果水利工程隶属于各省的布政使司（专管一省的民政、财政、田土、户籍、钱粮等的机构）管辖，那么朝廷便照会布政使司负专门的责任，布政使司收到中央政府命令后，便依照指示采取措施维护水利。第二种，如果中央政府发现水利隶属于地方府州县，那么便下发文件给府州县官员，让当地负责相关事宜，说明府州县官也有直接管理水利的权力。第三种，如果朝廷比较重视某一处重要的水利，那便直接派官员实地勘测、督促实施，这里的官员大多数时候都是工部官员，因为工部是负责水利工程建设的中央机构。

此外，朱元璋还强调了水利建设的经费和劳役问题，也就是国家并不直接负责维护水利的资金和劳动力。资金和劳动力都是维修水利重要的资源，少了任何一项都办不成事，那么该如何解决呢？朱元璋的意思是各地想办法"自行解决"，地方有钱的出钱，有力的出力。官员实地勘测工程之后，必须对兴修水利所需的经费和劳动力投入有一个大致的估算，随后就召集当地民众进行分工，所需的木石等施工材料就近从当地官库中调取。官库不够，那就命令民众直接去附近的山场采取。还是不够，就让邻县的民众义务资助。朱元璋这一规定，既强调了官府的责任，又强制规定了民众的义务。

还有，水利的维护也是有周期性的。中国古代是农业立国，农忙和农闲自有规律，朱元璋规定水利维护必须不妨碍农时，工程建设尽量在农闲时进行，当然紧急情况除外。如果某处的水患较为严重，且水利维护能够尽快完成，那么在农忙的情况下，官府也应该尽快督促完成。这说明朱元璋既重视水利维护的周期性，但并不是死板固守，而是采取因时制宜的解决方案，国家对水利设施的维护原则是相对灵活的。

最后，朱元璋还强调，全国各地的水利设施，如陂、塘、堰、湖等，并不是一成不变的，而要因应地势高低而修整。古代中国的水利设施，一般在地形相对平整的地方用陂塘，在地形较高处用堰坝，在地势较低处用堤围。广东地区也遵循着这一政策，广东东北地区由于地势相对平整，陂塘较多，而桑园围所属的西南地区多临江且地势较低，则大都修筑基围。

朱元璋的水利政策是明初管理全国水利的方略，为后世所遵循。桑园围所处的珠江三角洲地区的水利是国家水利的组成部分，也遵循朱元璋关于水利的规定。除官方组织（在中央包括工部，在地方包括布政使司、府州县），民间也是水利建设的重要力量。桑园围即有如陈博民一般的民间精英参与管理。在水利建设中，既有政府的介入，同时也有民间的组织参与，两种管理机制相互交织，缺一不可。在官方的管理中，政府将基围水利设施详细的修建年代、修建尺寸、护田书目登记在官方黄册当中，并按照官方明文的水利管理程序进行管理，同时，又在县以下设置"堡"这一基层单位作为官方代表，以进行基围维护。

明代的堡作为一种基层组织，与乡、村、社一样，是基层社会既有的社区组织系统，堡以下则是以乡村聚落为基础的地域单位，桑园围的基围水利也附属于所在堡中。通常所说，桑园围分属于南海、顺德的十四个堡，其中属于南海的有十一个：海舟堡、先登堡、镇涌堡、金瓯堡、简村堡、云津堡、百滘堡、河清堡、大同堡、九江堡、沙头堡；属于顺德县的有三个：龙江堡、龙山堡、甘竹堡。但当时顺德还未独立设县，桑园围的顺德诸堡起初也是南海县的一部分。因此，我们现在所认为的桑园围地区，在明代中期前归南海县十堡所有，对桑园围的修筑与维护也归南海十堡负责。直到明英宗正统年间，搅动珠江三角洲局势的黄萧养出现，促成顺德设县，桑园围的下游归顺德管辖，那时的桑园围又是另一番局势了。

萧养之乱

　　1435年，即宣德十年，励精图治、开创"仁宣之治"的明宣宗朱瞻基离世，他的长子、年仅9岁的朱祁镇即位，次年改年号为正统，这就是明朝的第六任同时也是第八任皇帝（他的弟弟朱祁钰在他被俘虏后继任皇帝，弟弟死后他又复任皇帝），此时距开国皇帝朱元璋离世已经快40年了。虽然朱祁镇死后庙号为"英宗"，但这个皇帝在历史上其实算不上英明，甚至堪称昏庸。

　　朱祁镇刚刚即位时，不过是个9岁的孩童，还是贪玩的年纪，那时主少国疑，一应政事，全由太皇太后张氏做主，另有四朝元老的杨士奇、杨荣、杨溥组成"三杨内阁"，小皇帝并没有什么发言权。但由于太皇太后和三杨的功绩，明王朝也出现了欣欣向荣的迹象。然而好景不长，三杨毕竟是四朝老人，逐渐离世，太皇太后也在正统八年（1443）薨逝，17岁的皇帝开始亲政。祖母和辅政大臣的相继离世让皇帝越来越孤独，他开始倚重一直陪伴在他身边的大太监王振。从少年天子成为热血青年，朱祁镇颇有一番雄心壮志，也想延续祖辈的辉煌。此时的王振摆脱了太皇太后和杨士奇等人的掣肘，开始干预国政，没想到却将自己和皇帝都赔了进去。

　　事情还要从明朝与北边蒙古部落瓦剌的关系说起。朱元璋推翻元朝建立明朝，元朝的末代皇帝顺帝逃至漠北，其政权史称北元，后来北元又分裂成了鞑靼与瓦剌。可以说，从开国皇帝朱元璋开始，明朝与鞑靼、瓦剌的关系便十分敏感，时战时和，明代第三任皇帝永乐帝朱棣甚至将都城直接从南京迁到了北京，以天子的身份守国门，防范蒙古部落的进攻。在朱元璋、朱棣两任强势皇帝时期，明朝对北元作战取得多次胜利。然而，到了朱祁镇登基之后，瓦剌逐渐强大起来，时不时南下侵扰明朝国土，尤其是瓦剌的实际掌权者太师也先，对待明朝的态度十分蛮横，还经常以向明朝上贡为名，骗取赏赐。明朝以大国自居，对那些前来上贡的小国都会给予厚赏，无论对方的贡品如何，赏赐的时候都会按照使臣的数额进行。也先利用明朝爱面子的心理，不断增加来使，最后使臣数量竟然高达 3000 余人。如果明朝对所有人都加以赏赐，那绝对是一笔不小的支出。深受朱祁镇信任的王振对此十分不满，下令减少对瓦剌的赏赐。也先便以明廷赏赐较少、态度轻慢为由，不断发兵威慑北京。朱祁镇此时刚二十出头，血气方刚，正想要大展拳脚，以证明自己作为皇帝的能力，因此对瓦剌的嚣张态度也是十分不满。在王振的鼓动之下，朱祁镇不听朝臣劝阻，甚至准备御驾亲征，决心建立不世功勋。

但朱祁镇明显时运不济，那时明王朝的主力军都在外地，军队很难集结，朱祁镇只能从京师附近临时拼凑 20 万军队，对外号称 50 万。天公不作美，20 万大军出征时阴雨连绵，加上后方粮草供应不及时，到了大同发现尸横遍野，军心大为动摇，朱祁镇便决定撤军。王振不同意撤军，反而建议皇帝绕道自己的家乡蔚州，好让自己光宗耀祖。朱祁镇居然为了体恤王振，不顾瓦剌军队逼近的危险同意绕道。不料王振继续心血来潮，怕大军踩踏了自己家乡的庄稼，又建议皇帝按原路撤军。军队撤至怀来附近的土木堡，王振又下令原地等候。也正是在土木堡，瓦剌大军来袭，皇帝的军队被瓦剌包围，王振被痛恨他的明军将领杀死。明军损失惨重，英国公、兵部尚书等人战死，堂堂一国之君就此成为俘虏，这便是历史上的"土木堡之变"。瓦剌将朱祁镇囚禁，想以此要挟明朝，索要更多的财物。为了断绝瓦剌的念想，朱祁镇的弟弟郕王朱祁钰即位成为新的皇帝，改元景泰。

在明王朝面临政治变动的时候，珠江三角洲也出现了一个搅动风云的人物，改变了珠江三角洲地区的格局，也加重了明朝的内忧。这个人便是黄萧养。

黄萧养原名黄懋松，是南海县冲鹤堡，即今佛山市顺德区勒流镇潘村人，他的生年无史料可考，但这样一个搅动珠江三角洲的人并非如项羽一般"力拔山兮气盖世"，也并非才比宋玉、貌赛潘安，相传他相貌丑陋，且瞎了一只眼睛。他出生在一个贫苦的农民之家，童年可谓异常坎坷。黄懋松生长的珠江三角洲地区，由于濒海且雨季较长，加之堤防并不牢固，以桑园围为主的大部分堤围当时都还只是零星的土基，无法与凶猛的洪水对抗，因此水灾频繁。受水灾影响，黄懋松的父亲无力缴纳赋税，便将年幼的懋松抵押给大地主当佣工，黄懋松便成了"童工"。几年之后，有一个叫萧大悟的僧人到冲鹤堡潘村地区行医，或许看到黄懋松身世凄苦、小小年纪便被迫从事繁重劳动，便将黄萧养从地主家赎出，收为门下弟子，并传授他医术。对于"救命恩人"萧大悟，黄懋松自然心怀感恩，因此把名字改为"萧养"，以铭记师父的收养之恩。此后黄萧养一边做雇工，一边在家乡和沿江一带为与自己一样的贫苦农民医病。摆脱童工命运、人生正在向好的黄萧养本能安然度过一生，但他并非一个"安分守己"的人。一次偶然事件，黄萧养在与别人强争沙田的过程中，闹出人命，因此被捕入狱。此次入狱也改变了他的命运。对黄萧养的这一段传奇经历，邓爱山于景泰二年（1451）撰写的《平寇略》记载：

> 逆贼黄萧养者，潘村小民也。家贫，与人佣工，一目赤，有胆略，因强争田土，殴死人命，捉收本府监问。[1]

---

[1] 邓爱山：《平寇略》，《顺德龙江乡志》卷五《杂著》，第 439 页。

那么，贫苦农家出身的黄萧养为何卷入争夺田土事件呢？听起来似乎不可思议，但这种争田事件其实是珠江三角洲地区普遍存在的现象。

明代前期，珠江三角洲地区虽然有类似桑园围的基围陆续建立起来，但其实大部分地区仍然处于江河湖海的环绕之中。活跃于弘治年间的湛若水曾在西樵山上俯瞰桑园围地区，看到的依然是"四周皆绕大海"的景象，可见，当时珠江三角洲地区许多地方并未成陆。但年年岁岁、岁岁年年，随着海水对高地的不断冲击，大量泥沙淤积，开始有零星的土地浮出水面，被称为"浮田"，也称"沙田"。沙田再经过自然累积和人为开发，连成一片，便成为可耕作的土地。珠江三角洲地区的人们看到田地浮出，为了缓解本已严重的人地矛盾，纷纷在此基础上开垦。人为的围海造田与自然伟力冲击相互作用，使得珠江三角洲地区的沙田开发一度十分兴盛。

但是，沙田开发并非按照谁开发谁使用的公平竞争原则，而是存在各种巧取豪夺，即谁势力强，谁蛮横霸道，谁便拥有土地的使用权。在这一弱肉强食的游戏里，当地的土豪势力拥有绝对的优势，如黄萧养一般贫苦的农民当然处于劣势。因此，围绕沙田争夺，珠江三角洲地区诉讼不休。对此，生长于珠江三角洲的明代文人霍韬有深切体会，他说：

> 东莞、顺德、香山之讼惟争沙田，盖沙田皆海中浮涨之土也。顽民利沙田交争焉，讼所由纷也。[1]

---

[1] 霍韬：《两广事宜》，《渭厓文集》卷十，齐鲁书社，1997年，第323页。

而黄萧养因打死人而入狱的事件，便是当时珠江三角洲地区沙田争讼的冰山一角，在霍韬为代表的文人士大夫眼中，黄萧养便是卷入沙田事件的一个"顽民"，甚至为了躲避几年后爆发的黄萧养起事，霍韬的四世祖率领霍氏家族举家搬迁到佛山石头乡，这让后来成为朝廷命官的霍韬对黄萧养更是没有好感。

总之，黄萧养因为卷入争夺沙田事件、不幸闹出人命而入狱。但幸运的是，黄萧养入狱不久便遇上大赦，得以出狱，这一次入狱的体验，无疑增长了黄萧养的胆识，致使他日后做出更加"出格"的事来。出狱之后的黄萧养，不敢再在家乡南海潘村谋生，而是来到了沿湖地区给当地的盐商当帮佣。

盐是涉及国计民生的重要物资，明代规定须在国家的垄断之下进行专卖。盐场是负责食盐生产的基层组织，盐商则是从事食盐买卖的商人，但盐商也不能随意买卖食盐。根据明朝政府开中法的要求，首先运送粮食到边地，官府再根据商人运送的粮食数量给以对应的盐引（官府发给盐商的食盐贸易许可证），让他们凭借盐引到指定的盐场去支取食盐，之后再到指定的区域销售。可以说，食盐的生产、销售数量及销售地区都在官府的控制之下。在食盐专卖制度下，私盐买卖是违法的。但官府防不胜防的是，盐场往往会有多余的盐，一些盐商为了谋利也往往通过多种途径获取余盐，然后私自发往市场售卖，这就是私盐买卖，很显然这种违法行径要承担巨大的风险。

黄萧养的雇主便是当地的盐商，且从事私盐买卖的勾当，雇佣一帮人帮其运送私盐。有一次，黄萧养在帮盐商运送私盐的过程中，不幸被官府抓了现行，这次入的监狱级别相对较高，是省城的都司监狱。在监狱里，黄萧养认识了一帮狱友，日子也并不寂寞。最初的黄萧养可能也并没有别的想法，只等刑满出狱的那一天，便又是一条好汉。但是就在百无聊赖的某天，黄萧养所躺的竹床忽然间长出了叶子，旁边江西商人大叫起来，说"此祥瑞也"，并且舌灿莲花对黄萧养各种奉承。

经此一事，黄萧养顿觉自己天命所归、贵气不凡，萌生了逃出监狱、另创一番天地的想法。于是，他在狱中广泛结交那些大多是强盗土匪出身的狱友，私下结成一个小同盟，并策划了详细的越狱计划。随后，黄萧养又贿赂狱卒，常常与狱卒一起喝酒，获得了从外面获取食物改善生活的特权。越狱的时机成熟了，万事俱备，只欠东风——监狱里的小同盟唯独缺一件利器来劈开监狱的大门。黄萧养托人给他送了一只烧鹅，烧鹅里暗藏一把斧头。而狱卒早就对黄萧养放松了警惕，并没有发现烧鹅里的玄机。等到夜幕降临，黄萧养便带着愿意跟随他的一百七十多名狱友用斧头劈开监狱门逃走，一边逃还一边齐声呐喊，欢声雷动，听起来似乎有几千人之多。他们并不着急出城而去，而是到省城的军器局里抢夺了许多军器傍身。面对这一百七十多名手持军械的越狱犯，各部门人员都觉得害怕，纷纷拒门不出。于是，黄萧养带领同伙们很快逃出城外，又抢了船只，回到家乡潘村，以潘村为根据地，在冲鹤堡横岗二龙山前祭旗起义，自号"天威将军"，不到几个月就聚拢了上万人的队伍。这一年，是正统十三年（1448），黄萧养正式拉开了这场珠江三角洲社会动乱的帷幕。

正统十四年（1449），黄萧养开始不断围攻周围的居民点，他们顺利攻下桂洲、马齐、逢简、龙江、新涌口、太艮堡（今佛山市顺德区大良街道），并以太艮堡为根据地，四处攻战中聚拢了十万人的队伍。他所率领的杂牌军屡次打败官府的正规军。也是这一年，黄萧养开始"拜佛（山）劀羊（城）"——率领十万人的队伍和几千只战船，围攻佛山堡和广州城，致使被围困的广州城里大量居民被饿死。黄萧养军队使用自制的云梯和吕公车围攻，广州城险些被破。黄萧养更占据五羊殿作为宫殿，自称顺民天王，改年号为东阳，因此也称为东阳王，对部下也加官晋爵，封官达到百余人。明代的史料记载：

> 于是啸聚群盗，赴之者如归市，旬月至万余人。（正统）十四年八月，攻围郡城，官军御之，辄为所败，城中饥死者如叠。制云梯吕公车冲城，几为所破，设开都伪官，招诱愚氓，渐至十余万。①

此时的明朝陷于北部瓦剌的困局，并无多余的兵力分给珠江三角洲地区，因此对黄萧养的队伍采取剿灭和安抚并用的政策，以安抚为主。当张安、王清所率部队被黄萧养击败之后，广州火速向朝廷求援，时为监国的郕王朱祁钰（后来的景泰皇帝）派曾在广东当参议的佥都御史杨信民率兵来广东平叛。杨信民此人有平定高州、化州等地盗贼的经验，在广东民众心目中威望较高，他的到来一度使黄萧养的队伍军心大乱，萌生投降之心。但第二年，也就是景泰元年（1450），杨信民暴毙，死因成谜，黄萧养难以再对杨信民之外的官员产生信任，朝廷的安抚政策难以施行下去。

此时，北部的瓦剌问题得以暂时解决。明朝赔了一个皇帝，但又立了一个皇帝，朝廷的威严尚能勉强维持，于是中央放弃了对以黄萧养为首的起义队伍的安抚政策，改为大力剿灭，由董兴带兵，直捣黄萧养队伍主力所在地。双方军队在大洲头相遇开战。

---

① 黄瑜：《双槐岁钞》卷七，中华书局，1999年，第125页。

黄萧养方此前已经失去斗志，此时更是疲态显现，近万人被明军击杀，甚至连黄萧养本人也在战场上被流矢射死，头颅被明军砍下献至北京。或许人们不愿意相信风云人物黄萧养会如此轻易地死去，便为他编制了一个美丽的传说：黄萧养被明兵一路追杀，乘船逃到珠江河道交汇处，两只美丽的大白鹅腾空而起，背着黄萧养慢慢飞向远方，消失在宽阔的水域中。后人将这个地方取名为"白鹅潭"，"大石沉底，白鹅浮游，三十年后，萧养回头"的民谣则代代流传。

不论结局是惨烈还是浪漫，黄萧养的主力部队被击溃了，而他的余党还在四处流窜以谋求立足之地，官军乘胜追击，黄萧养起事终告失败。

顺天威德

景泰元年是极为特殊的一年。这一年郕王朱祁钰登基为帝，他的内心颇为忐忑，毕竟上一任皇帝、他的哥哥朱祁镇还被瓦剌扣押，现在的皇太子还是哥哥的儿子。如果哥哥回来，自己随时可能会失去皇位。即使哥哥回不来，按照皇太后和众大臣的要求，这个皇位以后也要传给哥哥的儿子。这么想来，朱祁钰现在当这个皇帝似乎有点名不正言不顺。朱祁钰此时估计内心只祈祷天下太平，北无战事，南无变乱，这样自己这个皇位也能坐得久一点。令他欣慰的是，广东左副总兵、都督同知董兴的捷报频频传来。五月，他收到逆军首领黄萧养被枭首的奏折；六月，他又收到董兴的奏折，大意为：黄萧养虽然被诛杀了，但是黄萧养的余部仍然囤聚在南海的三山、太艮堡、冲鹤堡附近，这些地方是黄萧养及其余党的老巢。臣董兴督促官军水路并进，一一攻破这些据点，杀敌无数。黄萧养的父亲、侄子，连同之前在他手下做官的十几名逆贼全部擒获，过几日就将他们押送到京城去，请皇帝陛下定夺。①

景泰皇帝看过这道奏折十分欣慰，广东地区的变乱终于平定了，他立即下诏给兵部，让兵部按照惯例对平乱有功的董兴等人给予封赏。黄萧养之乱的平定，使景泰皇帝的忧患得到暂时纾解，紧接着他要思考的是为什么黄萧养会掀起如此大动乱和如何善后的问题。然而，他对广东的状况并不了解，只能放手让广东的地方官遵循成例出谋划策，自己最后做决定即可。

广东的地方官员在黄萧养之乱后，看到的是民户凋零的景象：数以万计的人逃亡或者死亡，脱离官府户籍。按照朱元璋的政策，地方一百一十户为一里，一里当中，推举十户丁粮多的人为里长，其余一百户分为十甲，设一名里长和十名甲首来管理，并将他们的信息编成黄册，交与官府掌管。官府按照这个黄册征派赋税和徭役，这就是明王朝的黄册里甲制度。凡是登记了户口的家庭，才是得到政府正式认可的"良民"，其家族的男子才可以参加王朝的科举考试，也才有飞黄腾达的机会。所以黄册里甲制度既是人口登记制度，也是明朝征发赋税徭役的依据，是明朝国家机器得以运行的基础。

但黄萧养起事之后，一部分无户籍之人加入其队伍当中，而一部分有户籍之人在战乱之中或逃或死，赋税征收变得困难。在平叛之后，官府首先要做的便是重新统计人口、编排里甲，使里甲制度重新运转起来。

重新编排里甲是对珠江三角洲地区秩序的重新调整，有利于

---

① 《明英宗实录》卷193，台湾"中研院"历史语言研究所，1962年，第4033—4034页。

维护社会稳定、巩固统治，景泰皇帝自然表示支持。于是，广东地区开始了大规模的重新编排里甲的行动，一部分原来不在户籍中的人被编入户籍，社会地位得到了提升。历史学家科大卫认为：

> 在这些被叛乱波及的地区，全面编户齐民，就有可能改变社会地位，这一点是很重要的。这地区有很多百姓被登记为蜑户，叛乱的发生以及叛乱期间效忠朝廷的动作，就让蜑户们有机会为民众，从而抛弃蜑户的身份。因此，黄萧养之乱，意味着当地社区通过编户而得到王朝国家的认可。①

另一位历史学家刘志伟也认为：

> 由于黄萧养之乱把原有的里甲户籍系统破坏了，在社会平定以后，明朝政府显然重新整顿和编排过里甲，一些在这个时候与王朝的正统性拉上过关系的人们被编入里甲之中，成为他们保持合法性社会身份的重要资源……这次事件的最直接的影响，是在地方社会进一步确立起王朝的正统性，划清财产占有和社会身份的合法性和正统性的界线。②

这一举措在朝廷眼中无疑使珠江三角洲社会更加稳定。

---

① 科大卫：《皇帝和祖宗：华南的国家与宗族》，江苏人民出版社，2009年，第79页。
② 刘志伟：《地域空间中的国家秩序——珠江三角洲"沙田—民田"格局的形成》，《清史研究》1999年第2期。

朝廷所做的第二件事是褒奖在平叛中立功的人，除受到景泰皇帝嘉奖的董兴等参与一线战斗的官员之外，还包括在珠江三角洲地方社会中平叛有功的乡绅。而在这帮乡绅之中，佛山乡的22名乡绅自发组织平叛的事迹是最具代表性的。事情要回溯到正统十四年（1449），那时黄萧养部队占据太艮堡、冲鹤堡等地区，有了相当规模，准备进一步向外扩张，佛山乡就是他们的目标之一。佛山乡以梁广、霍佛儿为首的乡绅预感大敌将至，于是号召乡民建木栅、挖沟壑、储备兵器，为战斗作准备。等到黄萧养率军来袭时，梁广等人又率乡民英勇杀敌，击退黄萧养队伍。在黄萧养之乱平定后，广东左布政使揭稽对佛山乡民自主英勇抗敌的行为十分赞赏，于是上书景泰皇帝，请求褒奖以梁广为首的佛山乡22名乡绅。景泰皇帝慨然应允，对22名乡绅给予奖赏、表彰之外，还将佛山乡赐名为"忠义乡"，肯定了佛山乡的贡献。①

在佛山乡抗击黄萧养之乱时，有祖庙北帝多次显灵的传言。为了加强政府在广东地方的权威性，景泰皇帝便以此为契机，丝毫不吝啬自己的书法，慷慨为祖庙的北帝书写匾额"法界大开正直真武殿从人寿，神光普照兆民家奸邪不尔私"，还将北帝庙更名为"灵应祠"，允许在偏殿供奉22位乡绅的牌位。皇帝御笔一挥，无疑以九五之尊的地位肯定了佛山北帝的正直无私，也肯定了佛山乡民的忠义举动，将祖庙的北帝信仰从一般的社区信仰抬高到了官方祭祀的地位。从此，佛山乡和祖庙的地位大幅度提高，政府在珠江三角洲地区的权威也进一步增强，可谓一举数得。

与此同时，黄萧养的家乡南海冲鹤堡、太艮堡等地方也引起

---

① 事见《佛山忠义乡志》卷十《艺文志》，广东省立中山图书馆藏。

了乡绅和官员的警惕。他们关注到南海等地在行政区域的设置上存在缺陷，正是由于这些缺陷才给黄萧养及余党盘踞于冲鹤、太良等堡的机会。于是，乡绅和官员开始向朝廷提出将南海县部分区域分出来单独设县。首先提出这一主张的是太良堡的乡绅罗忠，他在萧养之乱被平定后的景泰二年（1451），便亲自谒见广东左布政使揭稽，呼吁将南海部分地区单独设县。据《顺德县志》记载：

> 正统十四年，冲鹤堡黄萧养聚徒为乱。明年，改元景泰，廷命都督董兴将兵剿平之。大良堡民罗忠等诉：南海十一都惟东涌、马宁、西淋三都之民离县远而濒海，故傲化而易乱，割是三都而建县于大良，则可治。[①]

罗忠陈述了建县的理由：在南海县的十一个都里面，东涌、马宁和西淋这三个都离南海县城较远而且靠海，乡民对政府缺乏臣服之心，容易发生叛乱，不如将这三个都从南海县分割出来，单独设县。罗忠的分析有理有据，揭稽也觉得可行，便写了一道奏折给景泰皇帝，陈明设县之利。然而朝廷觉得，此时的广东地区战乱甫定，须先安定民心、休养生息，设县兹事体大，暂时不能轻易施行，所以拒绝了乡绅的请求。

以罗氏为代表的乡绅并未因此受挫，景泰三年，再次谒见已成为兵部侍郎的揭稽，力求揭稽上书皇帝在太良等地设县。揭稽再次上书给景泰皇帝。这次景泰皇帝终于同意将南海县的东涌、西宁、马淋和鼎安四个都及新会县的白藤堡划出来，单独建置顺

[①]《顺德县兴造记》，咸丰《顺德县志》卷二十《金石略二》。

德县，取"顺天威德"之意，县治设在太艮堡，并将太艮改名为大良。至此，顺德从南海分离出来，独立置县。

显然，历史学者科大卫敏锐洞察了太艮罗氏的动机：他们为了在新县的事务当中取得更大的话语权和主导权，才为设县一事不辞劳苦地奔走。但我们应该明白，景泰皇帝为首的朝廷最终同意当地乡绅的请求，也是对黄萧养之乱的回应，是经过深思熟虑才做出决定的。顺德设县无疑是黄萧养之乱直接促成的，是萧养之乱的余波。

在明朝县以下的基层组织中，"乡"最大，以"乡"统"都"，"都"下有"堡"。据万历《顺德县志》追溯，顺德所辖"都""堡"在置县前分属于南海县的四个乡，分别为忠义乡、光华乡、儒林乡、季华乡，"都"与"乡"的数量相同，分别为东涌都、马宁都、鼎安都、西淋都。东涌都属忠义乡统领，马宁都属光华乡统领，鼎安都属儒林乡统领，西淋都属季华乡统领。[①]景泰三年顺德置县之后，有几个堡从南海鼎安都划出来，并入顺德县，归光华乡马宁都管辖，其中包括了桑园围内的龙江、龙山、甘竹三堡（均位于今佛山市顺德区龙江镇），所以后来才有南顺桑园围的说法。本书的主角顺德桑园围指的是顺德管辖的龙江、龙山与甘竹堡境内的桑园围基段，占据整个桑园围的十分之三，是桑园围不可分割的部分，在桑园围的发展史上起过重要作用。

---

① 万历《顺德县志》卷一《地理志》。

顺德三堡

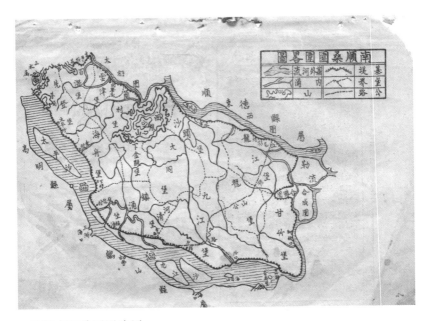

民国南顺桑园围略图

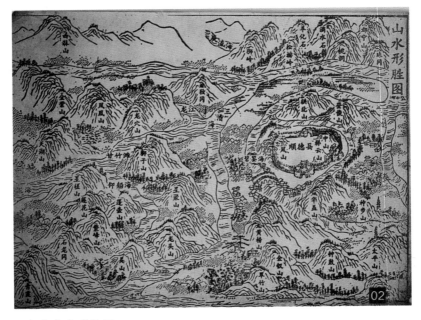

顺德山水形胜图

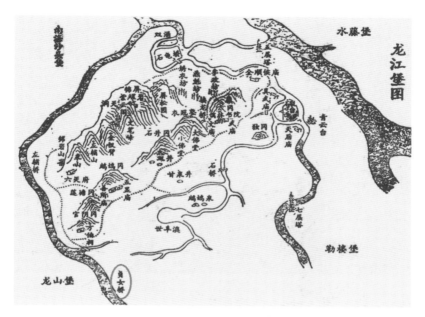

咸丰《顺德县志》中龙江堡图

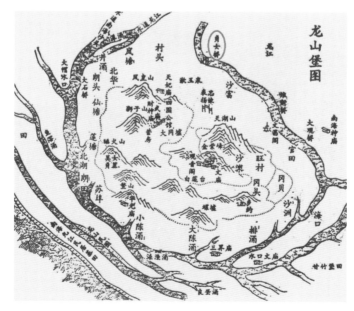

咸丰《顺德县志》中龙山堡图

甘竹左滩麻祖岗遗址

贞女桥（薛子江 1937 年摄）

与水相伴龙江堡

龙江堡，今属于佛山市顺德区龙江镇，距省城广州城 80 里，傍邻北江。相传龙江堡内的龙穴山宛若蟠龙，堡内又有水流环绕，故取名龙江。可见龙江自古便有山有水，与水为伴，枕水为眠。景泰三年顺德置县之前，龙江堡属南海县儒林乡鼎安都，与南海沙头堡（桑园围十四堡之一）毗邻。顺德置县之后，龙江堡从南海县划出，归属顺德县马宁都。明代堡内有四图一村，村名也叫龙江，清代则发展壮大为五个村落。

龙江堡内南有凤山（应为后来的锦屏山）。明代，凤山蜿蜒十余里，盘踞在龙江堡中心，悬崖峭壁耸立，山高八十余仞。与周回四十余里、峰峦挺立、岩洞众多、被称为"珠江文明的灯塔"的西樵山相比，龙江堡内的凤山并没有那么起眼，甚至非常普通，连《顺德龙江乡志》将其对比西樵山后也记载说：

> 西樵高八百仞，龙江之山高八十仞，西樵峰七十二，龙江之峰二十三。①

---

① 《顺德龙江乡志》卷一《地理志》。

可见，不论山之高，还是峰之多，龙江堡的山峰都不能与西樵山相提并论。但在龙江诸堡附近，这座凤山也属鹤立鸡群，被称为一邑之巅峰。站在凤山之南，也可满足文人登高而赋的风流雅韵。况且，这一座山孕育了多姿多彩的龙江文化，对龙江民众自然有非凡的意义。

凤山之内有岩名龙岩，现龙江镇的著名景点紫云阁便建于龙岩之上。所谓"山不在高，有仙则名"。紫云阁奉祀观音菩萨，香火鼎盛，成为龙江堡知名的祈福之地。这一洞天福地却不知建于何时，万历之前本有旧碑刻能追溯来龙去脉，可惜随着历史风化，碑文已脱落，再难考究。万历年间的碑文记载说，龙岩已有千年历史，说明最起码在距今一千四百多年前的南北朝，凤山便已存在。

除凤山之外，龙江堡还有堡北面的龙穴山，石壁陡险，相传古有灵湫神物，颇为传奇。龙穴山与凤山遥相呼应，分立于龙江堡一北一南，并列为龙江堡内双姝。除凤山、龙穴山等相对较高的山体之外，龙江堡内又有象山、左凤尾、左辅、镇岗、独岗等高岗，在珠江三角洲大部分地区成陆之前，龙江先民便在这些高山、高岗上活动。

前文已经言明，珠江三角洲这个扇形冲积平原形成之前，当地主要还是一片海域，居民只能依托高岗而居。但这并不代表珠江三角洲地区在明代才得到开发，贝丘遗址证明了龙江堡与珠江三角洲的发展进程同步。在 3500 年以前，龙江就有了先民活动的足迹，当时大部分地区都是海水，居民只能在凤山、龙穴山、镇岗、独岗等高地活动，然后再依托当地的地理环境，开垦荒地，拓展居住场所。

到了秦代，粤北大庾岭的开通，促进了中原与岭南的往来，也使珠江三角洲得到进一步开发。加上海水不断冲击，促使地理环境发生变化。到了汉代，珠江三角洲的滨线已经推进到今天的顺德、中山和番禺一带，而龙江地区的沼泽陆地也初步形成，人类在龙江地区活动的足迹更加清晰。20世纪80年代，广东省文物考古学者在锦屏山（凤山）山麓西南端扇形台上挖掘出了汉代的陶器残片，说明早在汉代，已有人类在龙江从事农耕活动。从晋到唐宋，北人南迁，"冠盖"接踵而来，又进一步促进了这一地区的开发。"四方商贾云集，六合堂澳之区"，正是对唐宋龙江地区繁华景象的形容。龙江现在著名的文物古迹贞女桥，便是宋代发展的遗留。

贞女桥，原名老女桥，龙江堡五座古桥之一（其余四座分别为左辅桥、逢涌桥、石龟桥、官田桥），是五座古桥中唯一保存至今的。相传贞女桥是南宋贞女吴妙静所建，吴氏的祖先为福建人，后迁龙江居住。据说吴妙静是国子监助教吴南金的女儿，准备嫁给新会李氏子（一说沙富李氏子）为妻，但等到大婚之日，来迎亲的李氏子却在龙江的白鹤滩渡口不幸淹死，吴妙静遂发誓不再嫁人。嘉定四年（1211），吴妙静用自己的嫁妆在李氏子淹死的地方修筑了一座桥。这座桥于嘉定八年（1215）完工，嘉熙二年（1238）刻石于国明寺，后人称老女桥。为了纪念贞女，后人还在桥的东边和西边各建男庙和女庙，两庙如牛郎织女一般相望，引来龙江及附近居民往来参拜。遗憾的是，男女庙今已不存于世。据《顺德龙江乡志》记载，贞女桥"长十一丈，阔一丈。桥石每块长二丈二尺，方二尺。贞女之先祖，原福建人，桥石皆来自福建"[①]。这一段令人唏嘘的故事被后人所铭记和流

---

① 《顺德龙江乡志》卷一《述典》。

传，无数文人墨客经过此地，有感于贞女的故事而为其题词颂扬。尤其是到了明代，理学被确定为官方正统，在这样的风气之下，类似吴贞女的一系列三贞九烈的故事得到官方广为提倡。嘉靖年间，督学张希举专门在贞女桥边建了一座牌坊，题"贞女遗芳"四字，旌表吴妙静。湛若水除在牌坊的柱子上题对联"贞心义节无双士，古往今来第一人"，还专门写了一篇墓志铭（《吴贞女墓表》）将吴妙静其人其事大书特书。2002年，贞女桥成为广东省文物保护单位，这是与桑园围一样值得被珍视的文化遗产。庆幸的是，如今人们还可以站在贞女桥上回望千年以前龙江堡这一则与"水"有关的故事。

有桥必有水，龙江堡内有多条涌，其中最大的是横涌，也叫横滘，景色优美。横涌位于凤山之东，北接新闸涌，南入南畔涌。西海在凤山之南，其源头经过龙山堡合南畔涌入于东海，和尚涌、南丫涌、北丫涌都是西海的小支流。另有陇边水、陇西水、大埠水，都在凤山之南入于南畔涌。南畔涌在横涌以南，合横涌之水入于东海。而东海之水又与西海之水在下游顺德勒楼堡（今佛山市顺德区勒流镇）汇合。还有紧邻龙江堡的一条巨涌，叫做河彭海（珠江三角洲地区称河涌为"海"）。河彭海是北江的支流，自西北江经西樵而来，龙江堡与水藤堡（属顺德，现为顺德的水藤村）隔此涌相望，烟波浩渺，水势较急，也是龙江堡重点防御的一条河涌。总之，龙江堡内河涌密布，水网发达，正是在这样的水文环境之下，龙江乡民顺水而为、与水争地，发挥聪明才智，修筑了一系列集灌溉、泄洪、航运于一体的基围。

在明代及以前，龙江堡参与修筑桑园围等基围的具体事迹，由于史料缺乏而无法详考。但鉴于其地理位置在如今桑园围的范围之内，其基围发展轨迹与桑园围是一致的，即宋元时期龙江堡沼泽陆地逐渐成形之后，堡内居民开始修筑零零星星的基围。在洪武年间，由于九江陈博民的贡献，桑园围渐成规模，成为囊括南海十八堡范围的大围，龙江堡也在其中，堡民理应参与桑园围的修筑。

但需要强调的是，古代桑园围大围的概念与樵桑联围形成之后的大围并不相同。据清道光年间龙江乡人编写的《顺德龙江乡志》记载，明清时期，在省城广州的西南将近百余里，有南海县鼎安都，鼎安都内有十八堡。明初顺德未单独置县时，龙江、龙山、甘竹三堡都属于南海的鼎安都。十八堡当中，有高山屹立其中，这座高山就是西樵山，还有西江、北江环绕。为了有效防范洪水，各堡居民开始筑围。大概在明初，各堡的基围连而为一，这就是桑园围全围的由来。桑园围周回数十里，各堡居于其中，每当洪水暴涨时，常常导致各堡首尾不能呼应，后来各堡联合修筑了吉赞横基，这是桑园围内各堡的公基。横基修筑之后，给各堡带来了便利，桑园围首尾联合初步得以实现。

明清南海、顺德两县大体可划分为四个围，分别为桑园围、鸡公围、中塘围、河彭围。其中，桑园围和鸡公围捍卫西江，中塘围和河彭围捍卫北江。这四个围都是由附近的南海、顺德诸堡分别修筑和维护的。四围当中，最大的当属桑园围，"长六千二百八十余丈"，是南海的先登堡、海舟堡、镇涌堡、河清堡、九江堡、大同堡、金瓯堡、简村堡、云津堡、百滘堡十堡所修筑。西江下游连接桑园围的是鸡公围，是甘竹一堡修筑的，"长两百六十丈"。中塘围长一千八百多丈，仅次于桑园围，由南海沙头一堡所修筑。而龙江一堡负责修筑的是河彭围，长度为四百八十五丈。[1]从各版《顺德县志》所载的龙江全堡图中，我

①《顺德龙江乡志》卷五《通修鼎安各堤记》。

49

们都可以看到河彭围的位置：紧靠龙江堡外的河彭海，牢牢捍卫北江。河彭围内围与外围相加，一共八百余丈，接南海等县九江等堡一共一万三千余丈，护田四百顷。

那么，龙江堡与桑园围的修筑有关系吗？显然有很大关系。龙江堡与南海九江等堡毗邻，利益攸关。但由于南海和顺德是平级的两个县，各堡又相对独立，清代中期以前，基围的修筑采取的是"西围不派东围，南顺各不相派"的政策，桑园围由南海十堡负责修筑，而龙江堡只负责本堡所修筑的河彭围。到了民国及之后，桑园围、鸡公围、中塘围、河彭围四个围最终完成联围，形成现在的桑园围，龙江堡所负责的河彭围也属于现在的桑园围范畴；尤其在新中国成立之后，桑园围进一步与樵北大围联合，形成樵桑联围，将龙江的诸多小围都包含其中。

清代中后期，龙山堡人温汝适主张顺德三堡也要承担桑园围的修筑义务，并为实现全围通修积极奔走，最终得偿所愿。顺德所属的龙江、龙山、甘竹三堡承担桑园围修筑任务的十分之三，且直接负责部分桑园围基段的管理。一言蔽之，明清的龙江堡是今人所讲的桑园围的一部分，与桑园围密不可分。

群山屹立龙山堡

龙山，龙江的兄弟，与龙江一起缔造了广府的"两龙"文化。

龙山堡距广州城七十八里，有四图二十一村，分别为沙富村、凤塘村、北华村、仙塘村、旺村、茶园村、岗头村、沙寮村、莲塘村、小圃村、牛乳村、排涌村、陈涌村、苏步村、朗田村、北湖村、水井村、井头村、萌头村、官田村、小岗村。顺德置县之前，龙山堡属南海县鼎安都，在洪武年间与南海诸堡一起修筑了桑园围。顺德置县之后，龙山堡属顺德县光华乡的马宁都，西邻九江堡和沙头堡，东北邻龙江堡，南界甘竹堡，有水田一千三百余丈。相较甘竹堡毗邻西江、龙江堡毗邻北江而言，龙山堡则处于腹心地带，没那么容易发生水灾，这是龙山堡的优势所在，也是龙山的图甲、村落、田地比龙江要多的原因之一。图甲与村落较多，也意味着龙山堡的人口较多，烟户较为繁盛。

龙山其名来源不详，但猜测跟境内山多有关。屹立在龙山堡的山峰大大小小有十几座，高者达数百米，低者仅仅十多米，更类似土堆。

在龙山境内众多山峰当中，较为突出的当属天湖山，古代龙山人甚至认天湖山为父。天湖山在龙山堡偏东北地区，海拔120米，为诸山之冠，龙山乡人俗称其为天湖堂、大山背。天湖山上有湖，山的最高处为烟通顶，站在烟通顶上俯瞰，龙山景色尽收眼底。烟通顶旁又有小天湖，美不胜收，古往今来，多有文人雅客吟诵美景之作。

凤岗，又名凤凰山，在天湖山之北，周长三里，高二十余丈，因其山形如凤凰展翅而得名，相传南宋贞女吴妙静的家便在此。山下有水塘，塘边有泉，名为凤眼泉，传说瘟疫患者饮泉水有神奇疗效。明末清初的抗清志士陈邦彦曾经在凤岗附近练兵，因此凤岗在龙山诸山内颇有名气。金紫峰位于天湖山西南面，居于龙山堡中间，地位较高，古代龙山人认金紫峰为母。金紫峰周回四里，高三十多丈。在金紫峰最高处，有观音阁等诸多庙宇，常有乡人前往参拜祈祷，香火较为鼎盛。金紫峰林木幽深，外环山海，是龙山当地最负盛名的景观。此外，龙山堡还有梅山、岗头山、荔枝山、马头岗、大鱼山、龙头岗、螺岗等将近60座高岗和山峰。

众多的高岗无疑为潦水繁盛时期的先民活动提供了便利，智慧的先民也早就认识到了这点。从考古学发现来看，龙山的鳌鱼岗、厚沿岗等地曾挖掘出先人生活用品的碎片，麻祖岗甚至发现了 3500 多年前人类生活的痕迹，成为珠江三角洲地区最早的贝丘遗址之一。

龙山的大发展无疑也要从南宋的衣冠南渡、珠江三角洲开发说起。明清龙山的繁盛大族在他们的族谱中记载了祖先定居龙山的故事。族谱追溯到 1274 年的珠玑巷南迁。

靖康二年（1127），金人攻取北宋都城汴京（今河南开封），将宋徽宗、宋钦宗二帝及一众后妃、皇子、皇女掳去金国，北宋灭亡，史称靖康之变。徽宗第九子赵构南渡，在杭州建立政权，史称南宋。被掳去的宋徽宗还沉浸在"家山回首三千里，目断天南无雁飞"的悲戚之中，南方的偏安政权已经"直把杭州作汴州"。百年之后的南宋咸淳年间（1265—1274），有奸臣贾似道当政，官员胡显祖因在朝中得罪贾似道而被贬黜，其妹胡妃也因此受到牵连被送入庵堂。前往庵堂的路途中，胡妃借机逃走，被南雄珠玑巷的商人黄贮万英雄救美。为报答黄贮万恩情，胡妃便与他结为夫妻。贾似道得知此事后，派人追杀胡妃至珠玑巷，于是珠玑巷大小共三十三姓举家出逃，乘筏漂流至珠江三角洲地区，散落珠江三角洲地区定居。

珠玑巷南迁故事是珠江三角洲地区众多家族的共同记忆，龙山堡也不例外，后世的家族在编修族谱时，皆把开村定居时间追溯到珠玑巷南迁后，如后来煊赫一时的温氏、黄氏、黎氏家族等。

无论珠玑巷的故事是真是假，可以肯定的是，宋代是龙山发展较为迅速的时期，还发展出了龙山地区最大的墟市——大冈墟。大冈墟在凤凰山之南，处于天湖山、金紫峰中间，属于龙山四图，位于龙山堡的中心。虽然四面环山，但交通发达，龙山的居民在此集散、交易，商贾往来不绝。到了明代，大冈墟的发展更是繁盛，《龙山乡志》对此记载说：

> （大冈墟）介于天湖、金紫间，四山环绕，中布廛地，井然不紊，货聚行列，莫敢侵欺。

每月初一、初四和初七三天，龙山及周边的商贾聚集在大冈墟进行交易，墟市内的交易井然有序，且货物种类繁多。随着大冈墟市场的繁盛，附近的富家大户也增多，反过来促使墟市规模不断扩大。

明末，社会动荡不安，四方战乱不断，龙山乡民在旧有的大冈墟上立武庙以为捍卫乡土做准备。武庙有前楹、后殿，左边是龙山四图的公馆，右边是龙山重镇，"前后分营，相为策应，捍御周严，阖堡赖之"。至此，旧的大冈墟成为乡贤练兵抵御外敌的军事重地。历经战乱，大冈墟的旧基和碑刻终究没能保留下来。

与龙江堡相同，龙山堡虽然也在明初参与了桑园围的建设，但析县之后，受"西围不派东围，南顺各不相派"传统惯例的影响，龙山堡从明中期到清中期这段时间，并不负责桑园围东堤和西堤等主堤的维护。在桑园围、鸡公围、中塘围、河彭围这四个基围当中，龙山堡也并没有直接负责管理的基段。

但是，龙山堡却参与修筑了许多子围。如东洲围，洪武年间龙山人创筑，在排涌埠大河洲田界社，与南海九江中洲社合围分段，自田界社起至陈姓塘界止，陈姓塘之外便是九江地界。东洲围长三百多丈，基面宽五丈，基底约三丈，围内桑基鱼塘约一百三十二亩。大洲围，崇祯年间龙山堡人创立，共三百二十丈，基面宽约一丈，基底宽约两丈，基内桑基鱼塘三百二十亩。大成围，在海口埠，也是崇祯年间创建，龙山堡人参与其中，自官田五埠乐成围界起至冈贝地界止，长七百五十九丈，基面宽一丈，基底约三丈五，围内桑基鱼塘面积达到两千八百六十七亩多。另有清代龙山堡人建立的合德围、富安围、保康围等大大小小的子围。在桑园围联围之后，这些子围成了桑园围的重要组成部分。因此，龙山堡对桑园围的贡献同样不可忽视。

甘竹滩头说甘竹

甘竹堡，位于今佛山市顺德区龙江镇的最南端，直面西江，西北与南海九江接壤，处于九江下游，正西与新会诸堡隔西江遥遥相望，东北为龙山、勒楼等堡。顺德置县前，甘竹堡与龙江堡、龙山堡同属南海县鼎安都；顺德置县后，甘竹堡属顺德县马宁都。

甘竹堡之下有二图二十三村：二图分别为第一图和第十五图；二十三村包括竹园、上村、罗坑、海岸、岗尾、龙田、龙应、水井、企石、新村、西面、尖冈、坑口、六步、大塘、上街、水埠、长洲、隔海、河伯、官田、铜船坑、大围头等。

甘竹堡境内多山，北有龙应山、大金山、凤凰山、尖冈等高峰，南有仰船岗、大金东、狮子岭等，更有象山屹立在西江之上。相传甘竹之山与龙山境内诸山一样，也是新会大雁山的余脉。同样是在形形色色的高岗和山脉之上，孕育了悠久的甘竹堡文明。甘竹的发展可追溯到商周时期，在如今甘竹左滩村的麻祖岗，考古学家发现了商周时期的文化层，挖掘出一批商周时期的陶器残片和石器，还有汉代的陶网坠、少量明清时期的瓷片。可见，早在 3500 多年前，甘竹堡地区就有人类从事农耕和捕鱼活动。麻祖岗遗址也是目前顺德唯一发现的先秦之前的贝丘遗址，填补了顺德早期历史的空白。

甘竹堡同样因水而生，堡内有狮岭海、仰船洋、第七滘、倒蓬湾、倒母滘、甘竹滩等河流。其中，甘竹滩（又称"甘竹溪"）是甘竹堡最大的河流，是西江的支流。河涌纵横，桥梁应运而生。甘竹堡内有见龙、龙兴、马巷、自生等四桥，现存的见龙古桥就坐落于甘竹滩之上。

甘竹滩一名，既可指明清的甘竹堡，也可指西江支流甘竹溪，又可指西江及其支流在甘竹地区冲积的大片滩涂和陆地，它的形成跟当地气候、自然环境的变迁和甘竹居民人为的开发有关。从气候和自然环境变迁来看，珠江三角洲地区每年的 4—9 月为汛期，此时西江、北江江水暴涨，加上南海大潮顶托，时常引发水灾。水灾最严重的地方往往是江河转弯之处，而甘竹滩刚好处于西江的转弯处。甘竹滩南有象山，北有大金山，西面还有企离山，三山虽能够阻挡部分西江水，但也致使甘竹滩水流更加湍急，潮涨则汹涌澎湃，潮退则水位落差大。且滩口又多暗藏礁石，龟背石、龙珠石、香炉石是甘竹滩三块大礁石，仅香炉石就有 300 多立方米，尖石密布，如犬牙交错，过往轮船一不小心便容易触碰到礁石，发生翻船事故。

因此，甘竹滩成为西江流域著名的险滩，许多过往商人和游客都视为畏途。"甘竹滩，鬼门关，船过要沉，艇过要翻，鹅哥飞过要拐弯"，"甘竹滩水猛如兽，行船过滩甚担忧，船翻人淹常出现，不知多少人家血泪流"，这些民间流传的俗语都在诉说着甘竹滩的凶险万状。长于甘竹滩附近的廖平子[①]也曾经回忆说：

> 我的母亲在世之时，最畏惧的就是甘竹滩，她说此处
> 波浪十分凶悍，每走到这里都心惊胆战。每到寒食时节，
> 我回家扫墓的时候，她都要告诫我在甘竹滩前不要仓促，
> 落脚一定要稳要轻。

甘竹滩是"鬼门关"，但也有好风景。"滩石奇耸，声如雷
霆，江水、海潮互为吞吐，邑之巨观。"西江水在此处顺流而下，
乱石穿空，惊涛拍岸，美不胜收。"羚峡开门户，牂牁万里来。
频生霜石雾，常放雪山雷。云气侵祠庙，龙腥散社台。滩师思解
缆，行止忆潮回。"这是清人称颂甘竹滩美景的诗。清代康熙、
雍正年间，顺德的文人雅士聚在一起评选顺德美景，知县紫玮赋
诗赞美甘竹滩，当时甘竹滩便有"甘竹雪涛"的美誉，当之无愧
为"顺德八景"之一。

正所谓地灵则人杰，甘竹滩也孕育了不少杰出人才，其中最
为有名的是顺德第一位文状元黄士俊。隆庆四年（1570），黄
士俊出生于甘竹滩右滩村。黄家原是书香门第，但到黄士俊这一
辈已经家道中落，他的父亲走街串巷，靠卖豆腐维持生计。黄士
俊自小就非常聪明，七岁便能作诗对联，这让父母对他寄予厚望。
士俊好学上进、志向高远且孝顺父母，龙川县塘心镇的富户认为
他前途无量，于是出钱供他读书。督学许尚志也十分赞赏他的品
行和文章，预言黄士俊必能夺魁。果然，万历三十一年（1603）

[①] 廖平子（？—1943），广东顺德人，早年潜心攻读诗书，后从事革命活动，与卢宪、
伍宪子被誉为"顺德三杰"。

黄士俊以第一名的成绩通过广东乡试，不久却传来兄长病重的消息，重情重义的黄士俊毅然回家为兄侍疾。是金子总会发光，万历三十五年（1607），黄士俊再次入京参加会试，取得贡士功名。在皇帝主持的殿试中，他被钦点为第一名，成为状元。

入仕之后，黄士俊从翰林院编修做起，历任太子洗马、詹事府詹事、侍读学士等职务，天启年间，升为礼部侍郎。天启皇帝朱由校即位后沉迷于木工，后世称之为"木匠皇帝"。天启皇帝宠信宦官魏忠贤，官员任免、升迁等大权均操于魏忠贤之手。以魏忠贤为中心，周围很快聚集起一班趋炎附势之徒，人称"阉党"，魏忠贤则被称为"九千岁"。阉党图谋私利，残害忠良，将整个大明朝廷搞得乌烟瘴气。黄士俊为人耿介，不愿与魏忠贤同流合污，便辞职归家。

天启七年（1627），朱由校在一次落水事件后病故，其弟信王朱由检登基为帝，是为崇祯帝。崇祯皇帝上台后以迅雷不及掩耳之势诛杀了魏忠贤。魏忠贤倒台之后的崇祯七年（1634），黄士俊奉诏回朝任官，入内阁参与机务，崇祯十年（1637）被授予太子太傅、户部尚书。由于与首辅张至发的政治主张有分歧，黄士俊不久又告老还乡，隐退甘竹右滩老家，自称"碧滩钓叟"。崇祯十七年（1644），明王朝大厦将倾，崇祯欲起用一批人才改变颓势，黄士俊是其中之一。黄士俊推辞不过，但未及启程，李自成的起义军便攻入北京，崇祯皇帝在煤山自缢，明朝就此灭亡。黄士俊听闻城破国亡，十分痛心。他将自己的奏章、著作悉数焚毁，并长居自家高楼不下，以表对明朝的忠诚，随后还积极参与南明政权的抗清斗争。相传，为躲避清兵追杀，黄士俊带着崇祯皇帝的儿子、当时的太子朱慈烺一路奔逃，想回到家乡甘竹右滩避难。但天有不测风云，经过甘竹左滩时，忽然狂风大作，他们乘坐的船被巨浪掀翻,太子朱慈烺被淹死。尸体漂至甘竹左滩龙田村,乡民为了纪念这位苦命太子,便修建了一座石桥,命名为"见龙桥"。这座桥至今犹存。

顺治三年(1646),清将李成栋攻陷广州,南明绍武帝与臣子苏观生殉明而亡。黄士俊却选择了投降李成栋,这一举动让他饱受争议。第二年,李成栋对清廷不满,黄士俊又与他一起归顺了南明的永历政权,为反清复明而努力。但黄士俊当时已年近八十,不能任官,便辞官归家。自此,黄士俊一直隐居在家乡,至顺治十八年(1661)寿终正寝,享年九十一。大思想家王夫之为他题诗:"顺德黄阁老士俊,四十年状元宰相。"黄士俊是顺德的四位状元之一(其余三位分别是宋代张镇孙、明代朱可贞、清代梁耀枢),为顺德后来享有"状元之乡"美誉书写了浓墨重彩的一笔。

水流湍急又景观雄奇的甘竹滩,恰恰也是西江流域的重要通道,是广州与佛山、肇庆乃至柳州、梧州商贸往来的交通咽喉。桑园围地区的鱼苗、生丝、甘蔗等商品,经此运往广州,进而销往全国乃至海外,甘竹滩创造了"一艇生丝去,一艇白银回。广纱甲天下,丝绸誉神州"的盛景,也见证了一江两岸的繁华。依托甘竹滩而发展的甘竹堡地理位置如此突出,基围建设自然也关系到整个桑园围地区的发展。

早在宋元时,西江流域便建起零星的基围,但那时基本都是土基,高不到两丈,堤身较为单薄,一旦洪水袭来,基围很容易被冲决。不过,由于宋元时珠江水位不算高,西江沿岸的土基尚能勉强抵御洪水。到了明代,珠江水位抬高,出水口外河床也高积,导致潦水频发,土基常常被冲坏。西江水倒灌入农田的次数和频率也日益增加,居民禾稼、房屋常常被淹没,损失巨大。甘竹滩附近的倒流港灾情尤为严重，一旦倒流港灌水，便会危及西江上游和下游地区。洪武年间，陈博民堵塞倒流港最终遏制住了甘竹滩的倒流。陈博民还对堤围进行改造，连通西江和东江的土基，"上至丰滘，下至狐狸，以迄甘竹，东绕龙江，上至三水，周数十里"。这个周数十里的堤围便是桑园围，甘竹滩则是陈博民所修筑的桑园围西基的尾巴。经过此次改造，甘竹堡内基围从南海九江延伸到左滩的阜宁围，这一段被称为鸡公围，是桑园围的分围。

改造后的桑园围和甘竹鸡公围形成了闭口围，在抵御洪水中能够起到一定作用。但基围毕竟是土基，若遇大水侵袭，仍有决口风险。据统计，明代桑园围一共决口 13 次，每次决口都给围内桑田带来损失。到了万历年间，桑园围决堤越来越频繁。而鸡公围位于甘竹滩口，因江面广阔，潦水侵袭时往往水浸堤身，以致泥土崩塌，这使鸡公围成为桑园围的险段之一。

万历四十七年（1619）的一次大水之后，甘竹堡乡人召开紧急会议，商讨抵抗洪水的办法。议论纷纷，却始终未想到良策。这时，一个中年人大胆提出用石头加固鸡公围险段，以石堤渐渐取代土基的建议。这人便是甘竹堡乡民黄岐山，他出生于一个相对富裕的农民家庭，少年时读过几年书，但他无心科考，而是辍学回家，继承父业，在家乡从事种蚕养鱼的老本行。他为人厚道，广受乡人赞誉，在堤围的维护事务中具有相当的话语权。他提出的方法合理也可行，很快得到乡邻赞同，于是大家开始共同制定以石筑堤的计划。

在黄岐山看来，以石筑堤有两道难题：第一是技术问题。为了解决技术问题，黄岐山不辞劳苦带领修堤人员远赴长乐县（今五华县）、龙川县等地，学习当地的砌石技艺，还聘请了长乐县的石工师傅前往甘竹现场指导砌石。如此，第一道难题得到解决。第二道难题，是很现实的资金问题，毕竟没有钱什么事都干不成。黄岐山带头捐资，还鼓励甘竹堡乡民响应号召。乡民受过水患之苦，鸡公围的修筑关乎他们每个人的切身利益，他们大都乐于捐资，资金问题最终得到解决。

工程启动后，经过两年不懈的努力，鸡公围石堤宣告竣工。加固后的鸡公围规模宏大，抵抗洪水的效果比以前更好了。后人为了纪念黄岐山所做出的贡献，把鸡公围称为"黄公堤"。但黄岐山没有想到的是，这段黄公堤在两百多年后引起了南海和顺德的纷争，此为后话。

总而言之，甘竹堡的居民在明代修筑了鸡公围，维护了桑园围，尤其是黄岐山以石加固基围的方法更是开了桑园围石堤的先河，推动了桑园围水利技术的进步。

围内危机

吉赞横基

桑园围内纵横的河涌水系（梁平摄）

九江别称儒林，图为九江儒林广场

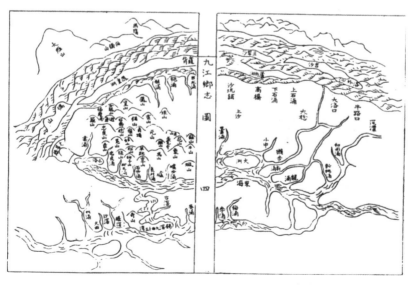

南海九江堡地形图

水患不绝

从明初到清中期，桑园围经过从建立到开发的 400 多年。围内居民进行多次围海造田、筑堤建围活动，使得桑园围地区成为富庶繁华之地，连片的桑基鱼塘、果基鱼塘、蔗基鱼塘在这里出现，保障了广东的粮食供给，被称为"粤东粮命最大之区"；成船的生丝、鱼苗、甘蔗向外销售，也成了广东的商贸重镇。这一切的繁华，无疑都得益于桑园围的基围。正如《桑园围总志》所形容的：

> 围有基，即堤也，与河渠之堰无异，围内烟户数十万家，田地千五百顷余，围两旁环绕大河，在左者为北江，在右者为西江。每当夏令，潦水骤涨，汹涌震荡，全赖基围保障得之。[1]

桑园围当西江、北江之要冲，从建立之初便不断面临水灾的侵袭，尤其是在每年 4—9 月长达半年的汛期。从明到清几百年的时间里，珠江三角洲地区的水灾呈现不断上升的趋势。对此，

---

[1] 同治《桑园围总志》卷一《甲寅通修志》，第 22 页。

佛山地区革委会编写的《珠江三角洲农业志》一书有过直观的数据统计：

> 自明代至清中期（乾隆年间），珠江三角洲水患有明显加剧的趋势。这期间的 428 年中，发生水灾 216 次，平均相隔不到两年发生一次。若以三个县（南海、东莞、高明——引注）连同发生的大水灾来计算，共有 70 次，平均每隔六年出现一次，其水灾发生频率比元代增加了 15 倍……
>
> 明成化（1465—1487）以后，不论水灾发生次数和大水灾次数，比明成化前增加十倍。……而自明成化至清乾隆（1465—1795）的三百三十一年中，发生水灾 195 次，平均每隔 1.7 年发生一次。[①]

可见，从明中期到乾隆中晚期，珠江三角洲地区水灾频繁且严重。明中期之前，水灾平均六年出现一次，到了晚明至清中期，几乎不到两年便出现一次。水灾发生往往考验的是堤围的承受能力，在频繁的水灾之下，桑园围决堤的次数越来越多。对从明到清中期有史料记载的桑园围决堤进行统计，可以更直观了解桑园围的水灾状况：

洪武二十八年（1395）六月，大水冲决桑园围吉赞基。

永乐十三年（1415），桑园围李村基再次被冲决。

成化十八年（1482）四月，桑园围河清基被冲溃。

成化二十一年（1485）、二十二年（1486），桑园围海舟基被冲溃。

---

① 佛山地区革委会《珠江三角洲农业志》编写组（1963—1976）编，黄国扬、郑海峰修订：《珠江三角洲农业志》，广东人民出版社，2020 年，第 201 页。

弘治元年（1488）五月，桑园围海舟基被冲溃。

弘治五年（1492），南海基围被大水、台风冲溃。

隆庆五年（1571），大水决坏基围。

万历十四年（1586），大水冲决桑园围。

万历二十五年（1597），桑园围西海基、吉赞基皆溃。

万历三十三年（1605），沙头基溃。

万历三十五年（1607），桑园围沙头基三江圩皆溃。

万历四十年（1612），桑园围海舟基陷。

万历四十八年（1620），海舟堡、李村基围被冲决。

崇祯八年（1635），桑园围子围大洋围溃。

崇祯十四年（1641），桑园围大路围溃。

康熙三十六年（1697），桑园围（东西基段）、蚬壳围、大有围决堤。

乾隆八年（1743），李村海舟基围决。

乾隆五十九年（1794），桑园围溃。

以上还是对桑园围地区水灾的不完全统计，桑园围实际遭灾的次数还要更多。其中水患最严重的地方，当属上游的先登堡和海舟堡。先登堡的吉赞横基和海舟堡的李村基，都是桑园围遭遇水灾时的重灾区。

吉赞横基，是明代"各修各基"政策下由南海十堡通修的基段，被视为桑园围的通围公业。它位于先登堡内，"先登"意海水率先登临，水流最为湍急，危害也最大。据光绪《重辑桑园围志》记载，吉赞横基"比邻三水县属基围，每有冲决，潦水从此灌顶而入，前人仿河工格堤之法筑此基"。位当西江之冲，使得吉赞横基成为桑园围最险要的基段，至少从明初以来，它是全围的公基，也是桑园围修筑次数最多的基围。对于吉赞横基的来源，同治《桑园围总志》也有一段叙述：

> 我桑园一围，向无基址，遇横潦靡有宁居。宋时始于东西沿江建筑围基，越数年，复添筑间堵横基，以除水患。前则有大宪何公张公规划于上，继则有义士陈博民陈公等踵修于下。①

按照这段叙述，北宋的何执中、张朝栋，明初的陈博民，都曾经对吉赞横基进行过规划和重修，且不论史实如何，这段叙述无疑反映了吉赞横基的特殊地位。

吉赞横基屡次被冲决的问题，也一直困扰桑园围内的居民，由于这一段基围关系到整个桑园围的安危，所以从吉赞横基修筑之初，便不仅仅是先登一堡负责，而是各堡里民共同经理，并没有像其他基围一样实行分界管理。针对吉赞横基的修筑，桑园围堡内居民还创建了一套传锣制度，即每当西江潦涨，吉赞横基面临危险时，都要传锣向围内民众预警。传锣的起点，是"枕在基所"的吉赞村。吉赞村靠近横基，村民出入耕作都要经过基围，因此，吉赞村负有巡视基围并及时敲锣报告汛情和基围险情的义务。以往桑园围大修、小修都以按田亩摊派的方式分摊到各堡，各堡再分给各图各村，这种方式就是派捐。②但为了补偿吉赞横基的传锣任务，桑园围小修时不再对吉赞村村民进行派捐，这种利益交换一定程度上能够激发吉赞村村民及时勘测基围情况的热情。

吉赞横基修筑的传锣制度在桑园围内相沿已久，且长期为堡

---

① 傅云山：《重修吉赞横基碑记》，《桑园围总志》，北京出版社，2000年，第54页。
② 道光《桑园围岁修志》卷八。

民所遵守。康熙四十年（1701），吉赞横基再次崩决，各堡奉行修葺，按堡分摊钱粮，工程竣工的记录也编造成册报给官府审核。南海知县企图改变这种制度，着令吉赞横基与其他基段一样由各堡分界管理。官府这一举动遭到了桑园围内民众的强烈反对，他们认为，桑园围各堡距离吉赞横基远近不同，有的相距七八十里，有的相距三四十里，住得近的堡民能够早去晚回，但住得远的甚至无法一天之内赶到基围，可谓鞭长莫及。吉赞横基最好时时有人看守，才能保证无虞，但这里处于蔓草横生的荒郊野外，各堡赶来看管的居民无处居住，十分不便。而且西江潦水的暴发是不定期的，潦发之后冲决哪里的基段也没办法预料，如果按照基段专管的方法，远堡的居民来不及施救，近堡的居民也有自己要管理的基围，虽然有事后的责成专管，但这种方法无异于江心补船，根本无济于事。①

在桑园围堡居民的强烈反对下，吉赞横基只好仍然按照此前的传锣制度进行维护。除承担传锣的义务外，吉赞村还承担在众人修围时提供部分酒食的义务。康熙三十六年（1697）一个早晨，吉赞横基的水即将溢出基面，"各堡传锣救复，吉赞乡送酒米犒工，各堡亦自携粮到基所工作"②。提供酒食的行为，相当于外村、外堡的人来到吉赞横基，吉赞村尽地主之谊聊表谢意。

在接到吉赞村的传锣信号之后，各堡绝对不能假装不知道，因为这事关各堡居民的身家性命，围内各堡都必须参与救援，且要自带施救工具。例如，康熙三十三年（1694）五月初六日，西江、北江潦水齐发，自三水往下连续冲决十九处基围，到了初八，吉赞横基也被冲决五十八丈八尺，吉赞村民以传锣的方式急告各堡。

① 道光《桑园围岁修志》卷八。
② 道光《桑园围岁修志》卷八。

各堡闻讯后一起集中到吉赞村，堡内每图提供一艘游艇、四名劳动力，还各自携带锹、锄等工具。乾隆八年（1743），李村海舟基决堤，吉赞横基的水也没过基面，随后又有三处决口。五月初八日，各堡派人商议堵塞横基事宜，议定每甲出劳力四名、竹箩四只、椿杉四条、艇一只。这些案例都说明了吉赞横基的重要性，吉赞横基与桑园围各堡可谓一荣俱荣、一损皆损。

除吉赞横基外，上游海舟堡的李村基（又叫李村围）是桑园围的另一险基。早在桑园围建立不久后的永乐十三年（1415），李村基便发生水灾，江水倒灌入桑园围内，围内禾稼损失惨重。万历四十四年（1616），李村围又发生水灾。针对李村围屡次被冲决的状况，九江乡民建议干脆将李村基围后移，再筑新基围。经过桑园围内十堡共同修筑，新基最终完工。原有的李村基则在三年之后被洪水淹没。但重筑基围的方法，也未能彻底解决李村基的水患问题。从晚明到清中期，李村基每遇洪水，还是难逃被冲决的命运。

水患次数的不断增加，长期困扰着桑园围内居民。道光《南海县志》记载说，桑园围"居西北江下游，实为泽国，夏秋江潦骤涨，县属居民则苦河鱼之疾"[1]，特别是每年夏季，"西北江潦水涨发，怒涛湍急，大为堤害，若不合力并心，时加整理，嗷嗷百姓靡有宁居"[2]。需要强调的是，明代到清中期几百年，由于修筑技术的限制，桑园围仍然以土基为主，只有甘竹堡的鸡公围、海舟堡的李村围等少数地方使用石基。千里之堤尚且能溃于蚁穴，更何况汹涌的江水对桑园围土基长年累月地拍击呢？

---

① 道光《南海县志》卷十五《江防略》。
② 光绪《重辑桑园围志》卷二《图说》。

总而言之，到了清代中晚期，随着水灾次数的频繁增加，桑园围陷入危机当中，亟需一场管理的变革。

围垦过度

从明到清，除洪水次数增加之外，水患的破坏也越发严重，这跟桑园围内对沙田的过度开发有关。

从宋元到明清，珠江三角洲浮出的沙坦越来越多，为了获得更多的土地资源，当地居民将沙坦改造为可耕作的田地，更有甚者填海造田，导致以前宽阔的水道渐渐变窄。洪水灌入之后，便难以消退，进一步致使桑园围的水患较以往严重。

河道变窄的隐患在顺治年间的九江堡已经十分严重了。《南海九江乡志》详细记载了九江堡里海由宽变窄的过程。里海位于南海九江堡，处于桑园围的下游，是九江界内最大的支流，下接顺德甘竹堡。据乡民所见，里海在顺治之前的较长时段内，水面较为宽阔，约有二十八丈，舟楫在此往来不绝，促进了九江的繁荣。但随着两岸居民不断对里海沿线进行填筑，里海河道日益变窄，以前的里海小支流也堰塞不见。到了顺治年间，里海最宽阔的地方还不到十丈，狭窄的地方仅三五丈。每到年尾，去外地做生意的商船开始回泊，常常在此壅塞。即使在平时，小舟来往也十分艰难。除直接填筑，两岸居民还在里海的围基及大路旁边种植树木，高大的树木部分遮挡了舟楫通行之路。①

里海本有四条支流，分别是渔歌涌、汛口涌、洛水、倒流港。到了清中后期，由于附近居民的无节制填筑，四条支流已经面目

---

① 顺治《南海九江乡志》卷一《形胜·海》。

全非。从《九江儒林乡志》的记载，我们可以大致追踪这四条支流的变迁状况。倒流港旧时通西江，由于洪水时常倒灌，洪武年间，陈博民奏请堵塞倒流港，之后倒流港与里海水汇集再注入西江。渔歌涌位于上西方龙潭约内，明清时期九江八景之一的"海口渔歌"，指的就是渔歌涌。当地有军当基，渔歌涌的出海口就在军当基的百户湾。但后来渔歌涌日渐湮没。汛口涌位于南方的海傍，本来与南桠涌分道入江，后来逐渐湮塞。幸运的是，道光二十三年（1843），九江乡民对汛口涌进行疏浚，之后南桠涌的水流入汛口涌，再注入西江。里海支流中的洛水，起于海壖，受乔涌、赵涌、饱涌、吉水涌、禾犁涌等多条小涌的水流入西江。旧时，外有芦竹洲沙阻挡洪水，洛水相对平稳，常有舟楫往来其中。但经年累月，芦竹洲沙逐渐沦陷于洪水当中，洛水也渐渐消失了。[①]

总而言之，到了清代，不仅里海主干道由于围垦过度而水道狭窄，四条支流也只剩下汛口涌的分流南桠涌相对畅通，其他大涌不是壅塞，就是变成如田间小沟一般的涓涓细流了，甚至都不能称为"涌滘"。随河涌的堵塞而来的是桑园围历史上许多地名的逐渐消失。

过度开发导致河流堰塞的状况引起了九江乡民中有识之士的关注，他们建议及早对里海进行疏通。从弘治年间广东右布政使刘大夏奏请朝廷准许九江乡民养鱼苗之后，九江几乎垄断了整个桑园围的鱼苗业，是桑园围的"殷富"之乡。但由于居民对基围内田地的过度开发，加之下游修筑窦闸，洪水来时，下游窦闸开启，往往导致里海附近的田地被淹浸，禾稼与鱼苗损失无法估

---

① 光绪《九江儒林乡志》卷一《舆地略》。

量。久而久之，越来越多的九江乡民从殷富转为贫穷。乡民认为，水乃财源，以前的里海迂回数十里，给九江带来了财富；但现在里海变窄，财富自然难以在九江聚集，这是九江由富转贫的根本原因。① 对于水聚财聚、水散财散的风水之说，九江乡民宁可信其有，不可信其无，于是积极疏通忠良、棠村二涌之间仍然存在的小小支流。但是由于里海附近积弊日久，疏通支流的行动收效甚微。

除九江乡之外，甘竹滩也经历了同样的尴尬状况。甘竹滩下游的三角洲漏水湾内，原本是宽阔的浅海，舟楫在此可自由往来，由于海水冲击及甘竹人的围垦，此地逐渐淤积成陆，形成沙田和纵横其间的涌渠②，舟楫行驶受到约束，也致使甘竹滩排水遭遇困难，水患愈加严重。

这种状况持续到了乾隆年间，尤其到乾隆中晚期，桑园围居民对沙田进一步开发，甚至下游险要地段亦有居民进行围海造田活动，水道不断变窄，九江、甘竹下游各堡排水困难，导致西江水灾比以往更加频繁和严重。据道光《南海县志》记载：南海的围基，在乾隆四五十年之前，虽然常被冲决，但危害不大。那时，官府对报垦沙田的行为有严格的限制，居民并不敢大肆开发，所以海口出水的地方宽广畅达，这也是西江之水能够随发随消的原因。但是，到了乾隆四五十年以后，居民圈筑沙田的行为渐多，加之官方对报垦的管理松弛，基围内的绅富势豪常常与水争地，在基围上广植树木，出海口日益狭隘，下游日渐壅塞。乡民对基围不断采取加高培厚的措施，基围工程虽日益坚固，但江潦迭至，

---

① 顺治《南海九江乡志》卷一《形胜·海》。
② 叶显恩：《明清珠江三角洲的沙田开发与宗族制》，《中国经济史研究》1998年第4期。

河水无从宣泄，"蓄怒煽威，所向基围披靡"。事实上乾隆四十年之后，水灾暴发的频率越来越高：乾隆四十四年（1779）、五十四年（1789）、五十九年（1794），16年间先后三次大水；嘉庆十八年（1813）、嘉庆二十二年（1817）、道光九年（1829），17年间又三次大水。水患之大且频，时人深受其苦。

水患冲决基围，基围内外沙田过度开发导致的积水问题又进一步加重水患，清中期及以后的桑园围便陷于如此的恶性循环当中。

子围增患

珠江三角洲基围一大特色是围内有围（一般称内围为子围），桑园围也不例外。随着大围开发的推进，围内的排水问题渐趋紧张，江水涨潦倒灌及大量降雨之后，如果围内不能迅速排水，则容易形成内涝。此时在下游修筑子围，防止洪水"建瓴"，成为一种饱受争议的选择。

之所以饱受争议，是因为修建子围能保障自己的家业，却妨碍了其他地方的排水，甚至致使其他地方陷于长久的内涝。因此，每一道子围的产生，都隐含着地方权力的较量。

桑园围内子围的修建并不一定晚于外围的修建，一部分子围是原本属于各乡的抗洪堤坝。只是在桑园围大围形成之后，这些基围就成为子围。当然，也有为了解决内涝、防洪等问题而在围内新建的子围。

从明到清，桑园围增筑了很多子围。清初是增筑子围的第一个高峰期，清中期基主制度建立之后，又掀起了第二波修筑子围的高峰。其中，桑园围下游是子围密布的地区。明末清初，"甘竹滩之西修筑了古劳围和粉洞水沿岸的堤围；甘竹滩之南修筑了天河围、潮莲围等；甘竹滩东南修筑了古塱马营围和光华村马营围"①。桑园围内的龙山堡，康熙年间官田修筑了龙乐围和南华围，乾隆年间凤塘修筑了北辅围，道光年间沙富、官田修筑了乐成围。②甘竹滩上游的九江堡，嘉靖年间陈万言修筑东方围，万历年间修筑西海围、大洲围，崇祯末年修筑太合围（太合围上截属九江堡，下截属龙山堡）。

虽然这些新建的子围扩展了桑园围地区的农田规模，但子围的过度修筑也不可避免地加重了桑园围的水患问题。围绕子围的修筑，桑园围内发生了多次争端。康熙四十五年（1706），桑园围内上游诸堡联合控诉下游的九江堡假借修复基围的名义在下游修筑子围的案例较为典型。

康熙四十五年，九江堡举人关龙、贡生朱顺昌等计划修筑一子围，以利本堡排水。这个子围是在篸启基的基础上进行的增高，原定新筑的子围从潭边路口起，至沙边墟石路冈尾市为界。但此举引起桑园围其余各堡的不满，他们认为九江堡占业筑基，闭塞水道，严重影响了桑园围积水的宣泄和各堡粮食生产，要求九江堡立即停筑。但九江堡对诸堡的反对意见视而不见，仍然我行我素。于是桑园围上游九堡联合向广州府起诉了九江堡，请求驳回之前南海县允许九江堡兴工的批文。上游诸堡以为九江堡所筑是新基，并非在旧基的基础上翻建，且此番修建占用了隔壁大同堡的税业，这是十分不合理的。诸堡还认为，之前九江堡强将抢占大同税业和新筑基的事实混合，蒙骗了南海县知县。诸堡还站在

---

① 《珠江三角洲农业志》，广东人民出版社，2020年，第205页。
② 陈灿、文春梅编：《龙山社区志》，2018年，第124页。

道德的制高点指责九江堡，他们认为桑园围诸堡休戚相关，九江堡此举无疑是以邻为壑、自私自利的行为。

针对诸堡的控诉，广东布政司进行了调查，结果是九江堡存在贿赂办事人员、未征询邻堡意见、隐瞒事实骗取批文等违法行为。桑园围诸堡的诉求得到了广东布政司的支持，九江堡必须立即停筑子围。但当月的二十二日，九江堡又突然兴工，并且"摆汛兵而拥器械"。桑园围诸堡将此事上报给广东布政司的同时，进一步提出：此地从无里围，更没有基围旧址，今日九江堡筑基围明确无疑就是新筑。如果此基筑长，本乡洪水能够遏制，但下游咽喉之地则容易遭遇水患，那时"庐舍将为鱼数，民命丧于海滨"。九江堡乡民不服，也提起上诉。

如此反反复复，九江堡和桑园围诸堡的官司持续了三年之久，最终以九江堡败诉收场。两广总督府批示，由布政司连同广州府、南海县、佛山厅等，将新筑基围"锄土还田"（即拆掉）。

从九江堡修筑子围时上游诸堡强烈反对的态度便可看出，下游子围的修筑可能致使上游江水倒灌，积水难消，从而引起内涝。无怪乎时人感叹说："广东水患，与北省异。北部水患，患在无堤；广东水患，患在多堤。无堤则害多而利少，多堤则利多而害亦随之。"①

洪水的加剧对桑园围乃至整个珠江三角洲地区的危害是很大的。如《桑园围志》所载，从元朝到明朝，香山、新会等地因为沙坦淤积，时人纷纷圈筑围田，一旦洪水泛滥，无法及时泄洪，往往从倒流港灌入，毁坏民屋、庄稼不可胜计。1817—1826 年任两广总督的阮元看到这种状况时，也表达了自己的隐忧：顺德、

---

① 《珠江三角洲农业志》，广东人民出版社，2020 年，第 211 页。

香山、新会等下游的海水变为桑田，时间愈久田地愈多。下游的田土增多，则上游江水难以迅速宣泄，久而久之，上游水位高而下游田地低，堤围又不牢固，如此捍水，怎么能没有崩溃的危险呢？^①

在以上多重危机之下，桑园围面临前所未有的考验。

---

① 同治《桑园围总志》卷五《庚辰捐修志》。

全围通修

乾隆甲寅年（1794）绘制的桑园围图

朱次琦画像

温汝适画像

温氏大宗祠

位于广州市越秀区的何氏庐江书院

挽救危机的尝试

面对洪水日趋加重的危机，桑园围地区的居民也积极采取挽救措施。其中，最直观的措施之一便是将原先脆弱的土基改为石基。早在洪武年间，陈博民堵塞甘竹滩倒流港时，便采用船载抛石的办法，说明时人很早就认识到石堤远远比土基坚固。但那时面临很多困难因素。其一是石头少，采石也较困难，不容易获得。其二是砌石技术不够成熟。因此，珠江三角洲早期修建的堤围基本都是土基为主，吉赞横基、李村基等少数险段才砌石。其实，在明初，不只是基围，很多城池也是土城。

到明朝中后期，情况慢慢发生变化。万历四十七年，甘竹堡民黄岐山重修鸡公围，采用以石加固基围的办法，鸡公围成为桑园围内最先修筑石堤的堤段。到了清乾隆年间，桑园围严重的水灾一度引起官府的警惕。乾隆元年（1736），两广总督鄂弥达奏请广州、肇庆二府沿江基围险要处用石修筑。这个建议得到乾隆皇帝的支持。于是，从乾隆年间开始，桑园围内部分基段改用石堤。但高居庙堂的帝王和官僚们没有想到的是，全部基围改为石堤，所需的人力和财力成本并非乡民能够承受的。而且桑园围内各堡关系错综复杂，没有人愿意牵头组织去做这样一件吃力不讨好的事情。以石易土的办法虽然理想，在推行时却没有那么顺利。

石堤代替土基暂不可行，加高培厚基围却相对务实。宋代开始，初建的土基其实只是一些低矮的土坡，随着水灾的不断发生，当地居民不断对基围进行增高。到了清代，桑园围的堤围普遍高达三尺，有些甚至高达四五尺。而更具体的加高情形，则来自朱士琦《上粤中大府论西江水患书》中的记载：

乾隆五十九年、嘉庆十八年、二十二年、二十三年修基者四次，加高一尺，逮至四五尺有差，潦至则以围平。[1]

朱士琦，南海九江乡人，是岭南鸿儒朱次琦（1807—1881）的哥哥。九江乡朱氏在岭南颇有名望，朱士琦、朱次琦兄弟都曾在朝中做官，对桑园围的修筑与维护有一定的话语权。朱士琦热心水利事业，当他看到家乡水患严重的景象时，在进行深刻的地理分析的基础上，上书广州府官员，提出自己的看法和对策。朱士琦当时看到的景象是，面临西江水患，当地基围已经加高培厚两尺到五尺不等。对基围进行加高和培厚是抵御洪水最直接的办法，成为当时大多数人的共识。

加高培厚基围确实能够在一定程度上遏制洪水，但即使不考虑堤围的加高总有极限，随着堤围加高而日益增长的人力成本、物料成本，又由谁来承担？这些成本如何在桑园围诸堡内进行分配？这些问题成了围内士绅、普通民众及政府官员不得不面对的难题。

以往的桑园围修筑有成例规定：吉赞横基、李村基等险段是

---

[1] 光绪《重辑桑园围志》卷十五《艺文》。

全围公基，由南海十堡通修，洪水来时，由吉赞横基传锣警告，各堡听闻，自带工具奔赴基围冲决所在地，不能有任何推诿；其余基段以"按亩计丁"的方式分派到各堡负责，各堡再分配到各图甲。"西围不派东围，南顺各不相派"，各堡之间有明显的畛域之分，互不干涉，互不派筑。从洪武年间开始，这个成例便已经形成，且延续了400多年没有改变。

随着桑园围维护的人力、物力成本不断提高，在"互不相派"的传统惯例之下，桑园围各堡之间的合作变得十分困难，矛盾冲突也不断加剧，使桑园围的管理一度陷入了困境。古人常说，"合则两利，分则两弊。"此时的桑园围需要一场管理机制的变革，带来变革契机的却是乾隆五十九年（1794）的大水。

甲寅通修的倡议

乾隆五十九年（1794），对于桑园围极具意义的一年。

这一年的六月，西江洪水尤为严重，导致桑园围东、西基围塌决二十多处。海舟堡李村基这一桑园围的险基更是被冲溃数百丈之多，桑园围下游的九江大洛口内围基围几乎全部溃决，而且溃决的地方都是十年前刚刚堵筑的地方。此情此景，令人观之变色。基围冲决之后，桑园围内农田全部浸水，加之长久以来的积水排泄困难问题，洪水淤积两个月而不退，给农业生产及民众的生命财产安全造成了极大危害。

当年八月，水势得到遏制，灾后重建的事情被提上日程。受灾最严重的是李村围，李村三姓迅速着手修复基围，且号召其余各堡参与其中。但是，由于全围受灾较重，此次修复所需经费明显比以往增多，多数乡堡并不想承担原本不属于他们负责的基围修筑工作，更不想给自己增加人力和财力负担，对李村的号召自然响应者寥寥。桑园围修筑事宜一度陷入僵局。

这种情况急坏了热衷公益的乡绅们，顺德龙山堡的温汝适、温汝能兄弟反应颇为强烈。温汝适（1755—1821），出生于龙山堡小陈涌的书香世家。自幼聪明好学的他，乾隆四十九年（1784）中进士，授翰林院庶吉士。乾隆五十九年西江潦水时，已为翰林院编修的温汝适恰好赋闲在家。看到基围溃决、家乡被灾的状况，温汝适十分痛心，他认为桑园围虽然是南海十一堡所有，但龙江、龙山、甘竹等顺德多堡同样受益于桑园围。现在桑园围被冲决，龙山等堡同样受到水灾的影响。所以，南海固然应该修筑桑园围，龙江、龙山毗邻桑园围，且较为富庶，也应该积极参与到桑园围的修筑当中。在这紧要关头，挽救桑园围的唯一办法便是全围通修，顺德和南海的十四堡应该打破畛域之分，有钱的出钱，有力的出力。

温汝适的主张首先得到温汝能等士绅的支持。温汝能，温汝适的哥哥，字希禹，号谦山，乾隆年间的举人，官至内阁中书，不久便辞职归乡，专事著述，编有《粤东文海》《粤东诗海》等著作，嘉庆初年纂修《龙山乡志》。温汝能是广东地区的著名学者，以博学多才和文韬武略见称于世。因饱读诗书，且有功名在身，温汝能在家乡颇有名望。乾隆五十九年的大水，温汝能与温汝适都是亲历者。他赞同弟弟的观点，对于桑园围的修筑，富庶的龙山堡、龙江堡也应参与其中，主张顺德三堡与南海十一堡联合修围。

在南海各堡中，积极主张桑园围全围通修的士绅是镇涌堡的何元善父子。何元善，字献洲，号榕湖，乾隆五十九年在县府任职，为桑园围修筑一事积极奔走。何元善的儿子何晋龄、何毓龄二兄弟也为此事积极奔走，尤其是何毓龄，对温汝适的全围通修计划十分支持。嘉庆二十二年（1817），何毓龄被推举为桑园围总局首事、总理，主持桑园围岁修事宜。修筑完毕之后，何毓龄与另一士绅潘澄江撰《桑园围丁丑岁修志》记录此事。除此之外，何毓龄还与兄长何晋龄一起倡修了广东何氏庐江书院（位于今广州市越秀区西湖路流水井29号）。总而言之，何氏父子作为士绅，对桑园围及广东文化的发展都做出了贡献。温汝适、温汝能首倡全围通修之时，许多堡都犹豫不决，而镇涌何氏则较早支持全围通修。

针对桑园围各堡推诿不前的状况，温汝能利用自己的名望和职务，联合在南海县府任职的何元善，将此事上报给两广总督长麟、广东巡抚朱珪，提议各堡乡人聚集在一起，商议桑园围修筑事宜。在温氏、何氏等人的努力奔走之下，长麟、朱珪对桑园围通修一事十分重视。两位大员还亲自去广肇各属勘视灾情，并写专折请求乾隆皇帝对广东受灾的地区给予赈恤灾民、缓征赋税的政策。

温汝适为此事还专门到省城广州拜谢长麟和朱珪。为了促成全围通修，过了几日，温汝适再次谒见巡抚朱珪，详商乡人请求通修桑园围的方案，并且强调这是应对水灾的一劳永逸的方案。但温汝适也认为此项工程浩繁，没有那么容易解决，应该与顺德三堡的乡人详细商议，请求朱珪选派一人主持通修之事。这一建议得到了朱珪的采纳。得到官方允许后，温汝能和陈鳌等乡绅便积极联络各堡，力促各堡派出代表在海舟堡麦村集结商议。为勘察灾情，温汝能和陈鳌二人徒步沿江数十里，从甘竹滩走至海舟堡李村基。然而，当温汝适、陈鳌等人来到集议地点麦村时，各堡仍犹豫不决，乡人所到还不及一半。可见，乾隆五十九年的大水之后，即便得到了地方大员和有影响力的士绅支持，各堡依然推诿不前，全围通修仍然难以推进。

但既然官府已经在温氏等乡绅的支持下做出了全围通修的决定，便不会轻易放弃。温汝适、温汝能、陈鳌、何元善等人继续在顺德各堡中进行广泛动员，南海听闻顺德愿意修筑桑园围，自然也十分乐意。终于在当年十月，乡人再次在麦村集议，敲定了"额以粮定"的方案，即修围经费根据每堡缴纳税粮的多少摊派，税田多则多出资，税田少则少出资。在此基础上，鼓励富裕人家慷慨捐资。

即便如此，全围通修仍有阻力。顺德方面，由于温氏的影响力，龙山堡对参与修筑桑园围十分积极；而龙江堡和甘竹堡仍拘泥于南、顺互不相派的成例，不愿参与。南海方面，在何元善的主持之下，只筹集到经费万余两，离估算的通修经费还有较大的差距。本来筹措经费依据的"额以粮定"的方案，实际施行中也遭遇重重困阻。贫困人家无所畏惧，拒绝出资。所以在南、顺各堡乡绅看来，由富户捐资是比"额以粮定"更好的方案。富户捐足资本，便可制定章程实施。于是何元善根据各堡情况制定出捐资数额和方案，编制成簿，作为书面的出资依据。但是，各堡拒绝前往集议地领簿。

事到如此，仅凭乡绅的呼吁、奔走已无法推进。这时，官府再度出面介入。为统筹通修事宜，南海知县李君下令各堡乡绅成立桑园围总局，选举公正无私且在围内有影响力的士绅担任桑园围总理，下设几名董事，负责此次经费的筹办和基围的修筑，桑园围总局地点就设在海舟堡李村围。桑园围总局设立之后，海舟堡乡绅李昌曜被选为总局第一任总理和督办。南海县知县也劝谕各乡堡将原定资金先交一半，以应对紧要工程。广东巡抚朱珪和布政使陈大年还亲自巡视受灾地区，强调凡有各围应修工程，应该先报送桑园围总局汇总估算，派邻堡协助修筑。官府的这一举动，树立了桑园围总局的权威。李昌曜上任总局的总理和督办之后，鼓励各堡富庶之家捐资修围，令"小康者按亩派费，富厚者从厚捐资"①。

但因这一年基围损毁较为严重，所需经费较多，最初南海县认捐3万两，顺德县认捐1万两，但4万两经费仍不够修围之资。到次年二月上旬，所需经费缴纳不到十分之八，且此年的水潦将至，费用也将不敷使用。于是南海知县十日一亲催，顺德知县约上龙江、龙山、甘竹三堡和南海县诸堡在桑园围总局再次集会，与两县士绅商议加捐事宜。这一年，两广总督长麟亲眼目睹灾情的严重，于是上书乾隆皇帝请求减免受灾地区第二年的赋税，乾隆皇帝欣然同意。两县乡民听闻消息十分欣喜，本来不愿意捐资的也积极捐资，最终南海县民认捐3.5万两白银,顺德县民认捐1.5万两白银，桑园围全围通修的资金问题得以解决。

全围通修在中央政府、地方政府、南顺乡绅的联合支持下最终得以实现。通修完成之后，阖围十四堡大都欣跃过望，温汝适在乾隆六十年（1795）还专门写文记叙此次通修工程的前因后果。此次通修，官府介入较为明显：一则桑园围关乎地方经济发展，也与官员在地方的政绩相关；二则在乾隆末年水灾频繁的危机下，仅仅依靠地方士绅及各堡乡民的自觉无法解决难题，须官方出面才能解决。而乡绅无疑是全围通修的直接推动者，在这些乡绅中，何元善、何毓龄和李昌曜代表南海县，而温汝适、温汝能、陈鳌等代表顺德县，顺德龙山温氏无疑有首倡之功。两

---

① 民国《龙山乡志》卷十一《杂文》。

县经过多方斡旋，最终实现了联合，打破了 400 多年的成例。

乾隆五十九年，是中国农历的甲寅年。这次通修也被称为"甲寅通修"，成为以后桑园围通修效仿的案例。

桑园围总局初创

乾隆五十九年大水之后，桑园围从李村到鱼婢潭决口二十多处，鱼苗和桑田损失不可计数。广东巡抚、布政使和当地士绅以为桑园围为"粤东粮命最大之区"，但长期遭受水患，危险至极，非通修大围不可，而全围通修须有一组织居中统筹，并须由"熟晓堤工"且"实心任事"之人负责运作。桑园围总局由是应运而生。至于总局总理的人选，大家考虑了所有的乡绅，最后一致推举海舟堡人李昌曜。

李昌曜，名肇珠，以字行。年少时曾经跟随父亲客居粤西，后长时间在南海县府当幕僚，这让他能够轻易获得官府的信任。与长期闭门准备科举考试的大多数士子不同，李昌曜留心经世致用之学，尤其熟悉农田水利之学。此外，李昌曜热心公益事业、乐于助人，由他做总局总理最是合适。

而李昌曜也不负全围所托，被选为总理后，迅速查勘东西围形势，了解灾情。各处堤围的厚薄高下、危险平易，他都了然于心。物料、用人、经费三者事关修围成败，李昌曜规定总局"买料必得其用，用人必当其才，工役不敢偷安，度支不得泛滥"[①]。在他的主持之下，督修工作井然有序，全围通修工程除堵塞二十二处决口之外，还通过补厚增高，使危者变平、险者

---

① 同治《南海县志》卷十九《列传》。

变易，修筑达数千丈之多。李昌曜还发动乡民在基围决口栽种榕树，因为榕树能抗旱，耐酷热，生长快，生命力强。

有意思的是，前有明初陈博民以布衣的身份上奏皇帝请求修筑桑园围，400多年后，李昌曜再以布衣之身统筹修堤护围。两位布衣都为家乡做出了突出贡献。士绅陈伯锡撰匾额"乡间保障"表彰李昌曜，这四个字精准点出了李昌曜一生的功业。

此次设立总局，除了选举李昌曜做首事之外，又先后选举金瓯堡余殿采、北江堡关秀峰、海舟堡梁廷光三人作为总局总理。在首事和总理的主持下，总局公布了桑园围修筑章程，对南顺十四堡通修桑园围事宜加以规范。

章程主要明确了桑园围总局的分工和职能。首先，总局在李村基的河神庙设局办事，设立总理两人。桑园围属南海县十一堡分成大、小堡，大堡选出司事两人，小堡派出司事一人，一共十六人，分派到十四堡督修，其余两人到桑园围总局任事。为保证公平，杜绝贪污徇私，修某堡的某段基围时，不能任用本堡之人，而必须任用别堡的人。

其次，将整个桑园围分为七段，每段皆以当地祠庙为督修之所。九江堡至甘竹堡为一段，河清堡、镇涌堡为一段，海舟堡为一段，先登堡为一段，吉赞横基单独为一段，百滘堡、云津堡、简村堡为一段，沙头堡、龙江堡为一段，各段设立小厂，并设首事两名、司事两名、伙夫一名。

最后，修筑必须土、石兼施，用到的石砧、石角、船只都要到总局执号，各堡需要修筑多少、加宽多少，由总理丈量明白，各堡也要绘图将详细情形说明，所需工费都需要到总局执号核查报销。总局的总理还要随时去各处巡察，如有发现弄虚作假，将押送官府处理。

　　由此可见，制定乾隆五十九年的章程主要目的是明确桑园围内各堡的责任，使全围通修的组织更加规范化、合理化，进而有效防治水患。除了分配资金、制定桑园围章程之外，桑园围总局首事还主持编撰文献详细记载桑园围历年岁修、捐修事宜。在甲寅通修之后的第二年，李昌曜编修了《桑园围甲寅通修志》，此志既是对第一次全围通修的详细记载，也是总局对桑园围维修制度化的结果，至今仍然具有重要的史料价值。

　　总之，桑园围总局是甲寅通修的产物，也是桑园围管理更加制度化、规范化的产物，同时也是官府和乡绅维护水利秩序的结果。此时的桑园围总局处于草创时期，制度还不算完备，以后随着全围通修成为定制，它的制度也在不断调整和完善。

国家发帑

阮元（1817—1826年任两广总督）半身像（扬州市家风展示馆供图）

闽剧《陈若霖斩皇子》中的陈若霖（1817年任广东巡抚）

嘉庆帝朝服像（故宫博物院藏）

道光帝朝服像（故宫博物院藏）

龙山温氏编民国《龙山乡志》（顺德博物馆藏）

清末民初龙山温肃楷书条幅（顺德博物馆藏）局部图

温氏献计

　　嘉庆二十二年（1817），中国农历的丁丑年，已经官至兵部侍郎的温汝适为侍奉患病的母亲，休官回到家乡龙山堡小陈涌。此前他曾经在乾隆五十九年力促桑园围实现第一次通修。温汝适深知，全围通修只是迈出了一小步，在全围通修后还有更大的问题需要解决，这便是通修的经费问题。大水之后的通修耗资巨大，乾隆五十九年的通修通过对南、顺十四堡进行按亩摊派，加上在总督、巡抚、布政使等地方高级官员的号召下，南海、顺德合共认捐 5 万两白银，暂时解决了资金问题。

　　然而，仅仅依靠乡绅的号召，没有官方的明文支持，乾隆五十九年为通修而建立的联盟是十分脆弱的。很多乡绅并不像温汝适一样热衷维护桑园围，他们甚至在此次通修后，联合给广东布政使司写了一份禀文。禀文认为，甲寅年顺德三堡出资属于"捐助"，而非常规的义务，并且希望官府能够声明，不能把十四堡通修视为成例。也就是说，龙江、龙山、甘竹三堡明确拒绝《桑园围甲寅通修志》中所倡导的摊派规则。① 广东布政使司在批复中称，南海、顺德两县各基围地界毗连，所以在乾隆五十九年合

---

① 民国《龙山乡志》卷五《建置略》。

顺德三堡帮捐修围，本来就是权宜之计，以后也不能作为成例，各堡业户应自行保护基身，遇有损坏时，应各自修葺，不能再推诿延误。布政使司还命令广州府和南海县重新制定与乾隆五十九年通修不同的规则。

可见，官方对南、顺两邑是否联合通修的态度摇摆不定。甲寅年十四堡的派费，也没有官府公文表示明确支持，而单单依靠桑园围总局，约束力十分有限，一旦发生大水，灾后通修的经费又成为各堡争论不休的话题。费用如何在各堡摊派，摊派多少，哪个堡摊派多，哪个摊派少，都涉及复杂的利益，总不能每次都要依赖富户的捐款和官府的赈灾。桑园围通修规则能否维持下去，是摆在眼前的考验。

面对这种状况，热心家乡事业且深谙各堡心思的温汝适，酝酿着一个妥善的解决方法——由国家拨款解决桑园围岁修经费。但由于20多年来桑园围内无大的灾情，温汝适的办法也并没有机会公之于众，更没有机会去争取官方支持。恰好嘉庆二十二年的夏天，桑园围再次受灾，这次受灾的程度不亚于乾隆甲寅年大水，桑园围经费问题再次成为迫切需要解决的问题。

嘉庆二十二年四月，西江开始进入汛期。六月，大水滚滚而来，桑园围多处被冲决。其中受灾最严重的地方，当属海舟堡李村的三丫基。综观桑园围的整个大堤，西堤海舟堡的三丫基、禾义基和九江的大洛口至为险要，东堤的韦陀庙、真君庙基段次之。[①] 这些基段都是需要重点防卫的地区，但面对自然的力量，人力的防卫显得力不从心。三丫基正当西江的东折之冲，本来水势就十分凶险，加上堤身不牢固，很快便被冲决。之后洪水便像不受约

---

① 光绪《重辑桑园围志》卷二《图说》。

束的野兽，四处横行，造成的危害比他处尤甚。明万历年间的庠生朱泰，曾组织乡民后退三尺另筑新基。清雍正、乾隆年间，也有地方官主张在三丫基采石修筑。但围绕三丫基的一切努力，都在洪水面前化为乌有，万历年间重筑的三丫基新基屡次崩溃。嘉庆二十二年，西潦暴涨，九江堡的大洛口外基、河清堡外基都被冲决，三丫基更因为此前居民无节制地砍伐树木，导致基围内树根发霉，基围渗漏塌卸，虽然李村居民迅速传锣警告各堡，但基围仍然被冲决六十二丈。[①] 此外，围内还面临严重的积水问题。

面对共同的威胁，各堡再次搁下争议，根据甲寅年南、顺十四堡通修的旧例进行摊派。甲寅年筹款 5.4 万两白银，按照计划，此次按甲寅年的五成来筹款，即 2.7 万两。但温汝适认为，2 万多两白银虽然能够勉强应付此次通修，但下次呢？再下次呢？桑园围必需备有一笔固定的经费，未雨绸缪。如果官府能够解决这笔经费的来源，那就再好不过了。于是，借嘉庆二十二年大水的契机，温汝适将心中酝酿多年的想法上报给广东巡抚陈若霖，陈若霖又上报给两广总督阮元。阮元认真思考了温汝适等乡绅的意见，考虑到桑园围内民众饱受水患疾苦，官府经费支持桑园围的设想十分合理且可行，于是便联合陈若霖上书嘉庆皇帝，提出了一个岁修专款支持桑园围修筑的方案。

阮元在给皇帝的奏折中这样说道：广东南海县的桑园围界连顺德县，堤长一共九千五百多丈，又正当西江、北江要冲，每年都面临西江、北江洪水的威胁，水患年年不同，修筑较为困难，且此围干系甚大，工程浩繁。如果在平日预先筹备一笔固定的款项，一旦遭遇洪水便能迅速启动修围，减少困难阻力，提高效率。

---

① 何毓龄等：《桑园围考》，同治《桑园围总志》卷三《桑园围丁丑续修志》。

根据广东地区的财政状况，阮元提出的方案是从广东省藩库（由布政使司掌管的地方钱库）和粮道库（储藏漕项银的钱库）各借出 4 万两白银，以这 8 万两白银作为本金，交给南海、顺德两县的当商生息，每年共有利息银 9600 多两，其中 5000 两归还从藩库和粮道库借出来的本金，8 万两计划 16 年还清，其余 4600 两作为桑园围的岁修专款，修围时由桑园围总局领取，令围内士绅购买物料和雇佣工匠。这便是桑园围的岁帑（帑指国库里的钱）制度。

岁帑制度的建立使桑园围获得了国家拨款修筑的殊荣，这份殊荣在珠江三角洲地区是独独一份的，无疑提高了桑园围的地位。官方拨款的举措也让更多乡绅热衷于修筑和维护桑园围，提高了人们对桑园围事务的积极性。这一举措解决了桑园围部分的经费问题，也是顺德龙山的温汝适对桑园围的又一贡献。

那时的温汝适已经63岁，身体也大不如从前，常居家乡养病。三年之后，嘉庆皇帝病逝，病中的温汝适闻讯，悲痛不已，勉力北上，想为曾经的主子嘉庆皇帝执丧礼。然而行至江西吉安时，病情加重，不治去世。桑园围内的民众感念温汝适，将其画像供奉于桑园围总局的河神庙中，以供后代祭祀。

岁修专款

嘉庆二十二年，阮元的上奏使桑园围获得国家专项拨款，但由于奏折获批准的时间已经是嘉庆二十二年十二月，那时桑园围被冲决的堤围几乎修补完毕，所以这笔款项并没有在当年拨给桑园围总局。嘉庆二十三年，桑园围总局依照岁帑的方案领取了当年的岁帑生息银 4600 多两，投入桑园围的建设当中。这也是桑园围第一次使用国家岁修专款,第二年沿用此例。

到了嘉庆二十五年,桑园围开始大规模改筑石堤,经费来源主要是按亩摊派和围内富户的捐资,因此岁修本款和息银都未领取,但这笔钱仍然以桑园围岁修专款的名义暂时存于藩库中。也就是说,创立于嘉庆二十二年的桑园围岁修专款制度,在嘉庆年间仅仅实行了两年,此后由于筑石堤等种种原因而搁置。

嘉庆二十五年,嘉庆皇帝病逝,其子旻宁即位,是为道光帝。道光帝是一位勤勉但守成的皇帝,在位初期,王朝的政治、财政制度依照原有模式运转,而桑园围总局在这一时期也没有提取岁修专款的记录,国家拨付的岁修款仍然在藩库中积累。转眼到了道光十三年,西江流域又发生了水患,桑园围内各堡损毁严重。海舟堡的三丫基险段被冲决一百三十余丈,围内积水成潭的地方决口更是达到二百余丈。大水在围内东基横流肆虐,云津堡被冲决十七处,总计被冲塌一百二十六丈九尺。下游的沙头堡被冲决十六处,总计八十一丈八尺。龙江堡堤围冲决三十三处,总计一百二十一丈一尺。九江堡、简村堡、河清堡、甘竹堡均遭到不同程度的冲决。[①] 所以,此次灾后重修工程比以往更浩大。

桑园围总局将情况上报两广总督卢坤。卢坤借拨帑银 49880 多两让基围被冲决的各堡先行修筑,才解决经费难题。其中 16260 两属于岁修本款息银,可以不用归还;23000 两分年从桑园围每年应得的息银 4600 两中扣除,直到扣足 23000 两为止;其余的 10000 多两,则分期 5 年由围内业户按粮摊征,分别记录在案,直至还清。也就是说,以道光十三年的西潦暴涨为契机,在两广总督卢坤的支持下,桑园围总局又开始领取搁置许久的岁

---

① 光绪《九江儒林乡志》卷四《建置略》。

修款项。

道光十四年至道光二十三年，由于史料缺失，我们并不知道桑园围总局是否依例领取专款。即便没有领取岁修款，也要将每年应得的 4600 两岁修款用于归还帑银，所以，桑园围的岁修专款应该仍在运行。

道光二十四年西江又发大水，冲决基围一十二丈五尺，各基段决口在十余丈到百余丈的不下十处。围内士绅商议按照道光十三年修筑三丫基的事例，请领帑银本款息银 1 万两，加上各堡按粮起科的银两及官绅捐款，实行桑园围合围通修，最终基围各处决口地方依次修复，坍塌冲卸基段也得以培补坚固。[①]道光二十八年、咸丰三年亦是如此处理。

由此可以推测，桑园围的岁修专款并非每年领取，只有在基围损毁严重而需全围通修时才领取。不过即使没有每年领取，专款还是每年都有积累，存于藩库。这种状况最起码持续了道光一朝。随着咸丰年间太平天国运动爆发，广东地区财政状况趋于紧张，款项难筹，桑园围岁修专款连续多年无法获得，岁帑制度的施行变得断断续续，因时而调整。

总而言之，岁帑制度的"殊荣"是国家对桑园围重视的表现，也是政府权力介入地方公共事务管理的表现。国家专项拨款，一方面是为了地方的稳定和发展，另一方面也是地方士绅通过与政府的关系努力的结果。桑园围内的士绅们希望通过国家经费的支持达到桑园围全围通修的目的，因为领了国家专款的不止南海的十一个堡，顺德龙山堡、龙江堡、甘竹堡也在领取范围之内。那么南、顺都不得不承担相应的义务。所以，尽管桑园围的岁帑使

---

① 光绪《九江儒林乡志》卷四《建置略》。

用次数不多，后期更是由于清政府的财政危机而无法维持，但对桑园围来说，这一制度的建立具有重要意义，它是对桑园围全围通修制度化的认可，也促进了桑园围在全国地位的提高。

完备分配

从嘉庆二十二年开始，桑园围有了国家专款支持，每年息银4600两用于修筑、维护，而岁修款的请款、报销、分配都是十分重要的工作，全部由桑园围总局负责。为了更合理地分配桑园围的帑金，在总局首事何毓龄、潘澄江等人的推动之下，针对岁帑制度的建立，桑园围总局颁布了新的章程。

相较于乾隆五十九年的章程，新章程在强调全围通修的同时，更多强调岁修帑金的分配。即便这一年桑园围并没有领取帑金，但是官府的政策支持，仍然让桑园围的士绅大受鼓舞，因此他们特意制定了新的章程。

嘉庆二十二年的章程，归纳起来，主要有以下几个特点：首先是强调重视岁修制度，要求各堡对负责的基段随时自行修补，不得因为有朝廷拨款而在日常维修中相互推诿。其次，岁帑生息银主要用于险要基段的修筑，日常修补仍需各堡自行筹资，如果堡内负责的业户有困难，则全堡酌情援助。至于桑园围大堤，仍然是各堡科派、通围合力，只在科派钱粮不足的情况下，才能动用岁帑生息银两帮贴。如果确实有险要基段维护需要动用岁帑生息银，那么基段所属的堡要会同桑园围总局首事测量险要之处的范围，再对所费钱粮进行估算，维修完工之后还要在岁底造册向县里报销核实。再次，岁帑的使用务必追求实效。为了杜绝舞弊事宜，全围要公推出十四堡中的四人为首事，每年年底去县里领取帑银，领帑之后再会同各堡士绅将基围分为险要、次险要等基段，根据基段险要程度对帑金进行分配。而且分配的金额、帑金分配后具体的使用情况，都要一一记录在案，年底再将收支清单统一张贴到桑园围总局的河神庙前，以保证资金使用透明化。

除以上与岁帑生息银相关的规定，新章程还提到责成专管业户和基总于每年五六月及时稽查基围状况，以期防患于未然。另外，新章程重申严禁毁坏堤围。如在堤围内砍伐树木、私自挖坟埋葬，这些行为日积月累会摧毁堤围，应该严厉禁止，各堡负责人应及时勘察汇报，不能徇私纵容。

由此可见，即使有了朝廷拨款，全堡科派仍然是通修的主要资金来源，专款只用于险要基段的修筑。这便杜绝了乡民对朝廷拨款的依赖，也使专款的使用能够落到实处，不至于被滥用或挪作他用。

基主制度

桑园围西江九江段全景（梁平摄）

《重辑桑园围志》书影

桑園圍志卷十一

章程

昔漢有天下張蒼即爲定章程所以示法守也夫有法
則治無法則梦天下事大抵類然而承辦隄工尤不可
無畫一之規以息紛紜之論道光十四年既塞三丫基
決口開内紳士鄧觀察士憲何藏方文綺溫比部承悌
張中翰謙邀十四堡人士集南海學宮公同酌議章程
請邑侯通詳仍遵編載志乘自時厥後遂有所循守今
彙前後官紳所條議者著於篇詩曰不愆不忘率由舊
章美守法也又曰匪先民是程傷愛法也後之君子
以知所處矣志章程

桑園圍志
卷十一　章程　一

嘉慶二年廣州府朱公楝詳定章程

爲隄工告竣等事据南海縣知縣候補同知李榤詳請
查阜縣屬内圍基桑園一圍質爲最大之區乾隆五十
九年西潦冲決荷業薄志捐廉倡修本圍各堡紳民亦
各感歡憲勵踴躍捐助惟因工程浩大復奉憲行諭合
附近該圍之順邑龍江龍山廿竹三郷不分畛域一體
義助帮修兹查土石各工雖已告竣可保無廢第該基
隄綿長九千餘丈誠恐一處防護不周即爲通圍之害
合應議立章程以垂永久遵即移行九江主簿會同總
理首事傳集十一堡紳耆公同妥議明立章程分晰條
款備造清冊移送轉呈去後兹准九江主簿會詳覆
稈遵奉檄行會同通圍紳耆首事人等詳細確議凡圍
圍基利害之處俱已酌議條款合就列冊移覆等情卑

《重辑桑园围总志》中所载桑园围总局章程

基主初现

为了对岁修款进行合理分配，嘉庆二十二年桑园围总局颁布了新的章程。值得注意的是，这一次的章程出现了"基总""该管业户"等字眼。其中，业户在明代已经存在，各堡图甲之下是各业户，分管桑园围基围，但"基总"则是首次在章程中出现。依此大胆推测，此时的桑园围维修已经有了明显的基段划分，"该管业户"指的是管理某段堤的业户，"基总"则指某基围的总负责人，基总之下又有很多小的基主，这就是基主制度的初现。

这就是说，至少在嘉庆末年，桑园围已经出现了按基段划分、由基主专管的制度端倪。虽然基主已经出现，但是在修筑桑园围之时，基主制度仍然不能取代以往的以堡为单位的制度。例如，嘉庆二十五年（1820）桑园围内大水，据同治《桑园围总志》记载，此时的全围通修将桑园围以堡为单位划分为七段：

> 九江以下至甘竹为一段，河清、镇涌两堡为一段，海舟堡自为一段，先登堡自为一段，吉赞横基为一段，百滘、云津、简村三堡为一段，沙头至龙江为一段。①

---

① 同治《桑园围总志》卷三《桑园围丁丑续修志》。

又规定每大堡选出两人、小堡选出一人为首事，负责督理此次通修事宜。由此可知，嘉庆年间的修围依然是以各堡为单位进行组织，但已经有了基围分段、由基主专管的趋势。而在乾隆五十九年、嘉庆二十二年桑园围全围通修的案例当中，规定的起科比例是"南七顺三"，全围通修的范围亦是比较险要的地段，其余的小修仍然是各堡自行负责。至于险要地段如何划分，则具有较强的主观性。在长达一万多丈的桑园围通修当中，总有个别堡无力或者不愿意承担责任，加之嘉庆二十二年之后桑园围岁修专款的出现，个别堡也想多分岁修银两，将本堡的修筑责任分给其他围，以减少本堡的负担。

海舟堡的三丫基历来为险要的地段，乾隆十年、嘉庆二十二年两次被冲决，而维护三丫基所需经费较多。因此，海舟堡经管三丫基的十二业户总想将自己的经费并入全围的通修经费当中。其他堡自然强烈反对，并将海舟堡李姓等十二户告官，请求南海县裁决。

事情要追溯到乾隆四十九年的桑园围水患，海舟堡李村基在水患中被冲决基围八十余丈，李村基的黎姓、余姓、石姓等十二户之中，男丁总计不满六百，应纳徭银不到五十两，可以说是基围内丁数和承担徭银最少的几户。这一年李村基被冲决之后，十二户先自行修筑本基围，随后又帮助修复桑园围大堤，那时候，全围都没有进行派捐，也并未对三丫基十二户提供资助。十年之后的乾隆五十九年，珠江流域又有洪水，李村基围被冲决一百四十余丈，负责三丫基一段的黎、余、石等十二户勉力抢修。但是由于被冲决的堤段较多，工程浩大，以十二户不到六百男丁的力量难以承担繁重的修复工作，且十二户财力也难以支撑。因此，三丫基十二户向桑园围各堡求助。这一年，也是温汝适酝酿全围通修计划的一年。桑园围内民众念及三姓粮食及人丁不足，商议合力通修大围，通修的经费按徭银多少在全围科派，最后将三丫基被冲决的长堤筑复。① 等到嘉庆十八年，桑园围先登堡的稔岗和横岗两乡的基围崩决，仍然按照旧例自行修复，也有个别堡对海舟堡予以捐助。横岗、稔岗两乡为了迅速筑复堤围，还借了帑银五百两。整体而言，两乡的此次修筑基本都是自行负责的，并未派及桑园围内其他民众。

嘉庆二十二年五月，三丫基被冲决六十二丈，按照惯例，应该是李瑶等十二户负责的，但冲决之后再筹备银两修筑已经来不及，所以李瑶等人请求向官府借银 5000 两以为修复之资，并承诺限期归还。官府最终支银 6200 余两，并商议这笔钱以后由三丫基十二户均摊。但是，到了嘉庆二十四年，海舟堡十二户仍然不愿意归还帑银。此时全围十四堡通修的规则已经形成，三丫基以李姓为首的十二户，希望借助全围通修的规则，将官府拨借的 6200 两摊派到南、顺十四堡当中。面对这笔无缘无故的外债，南、顺十四堡自然不愿意承担，极力强调各修各堡的旧例。十四堡援引了乾隆四十九年吉赞横基、河清堡，嘉庆十八年先登堡横岗、稔岗自行修筑堤围的案例，并禀告官府，希望借助官府对十二户施压。十四堡所用言辞较为激烈，以"刁诈""昧良"等词加在李瑶等业户身上，极力控诉十二业户这一行为是自私自利的无赖行径，可见他们激愤的态度。这件事最终由官府拍板"即饬李瑶等派缴"②，三丫基十二业户以败诉告终。

可见，桑园围内部修围的情况是十分复杂的。尤其是乾隆

① 同治《桑园围总志》卷三《桑园围丁丑续修志》。
② 同治《桑园围总志》卷三《桑园围丁丑续修志》。

和嘉庆年间，有了通修的规则和官府拨款的支持，三丫基企图将本堡的修围经费摊派到其他堡当中，其他堡也因自身利益受损而强烈反对。其实不止三丫基，桑园围各堡都有自己的小算盘。

面对这种情况，重新制定管理方案是十分必要的。道光十三年，桑园围又一次发大水，海舟堡基围再次被淹，堡内各户对修围经费仍旧推诿。桑园围总局将此事禀报给两广总督卢坤，在卢坤的支持下，桑园围总局以拨借的帑银修复基围。道光十四年十月二十七日，即基围修复完毕的第二年，在官府的支持下，桑园围总局制定了新的基围段落分管方案，并将方案写入总局章程之中，由此形成关于桑园围基主专管制度的规定。

可见，道光十四年桑园围总局的章程便是强化以往的业户制度和建立新的基主制度。基主制度的实质是将桑园围分段专管，每段皆有业户，而基段的管理者总称为基主。基主除了负责管理本基营修之外，也同样拥有本基段内的海利、杂息等权利。基主制度建立的目的是使桑园围内部能够做到"事不偏估，工可共济"，围众对平时的基围修复能够做到不懈怠、不推诿，从而达到"民用大和，共庆安澜"①。基主制度的倡导者是当时赋闲在家的云南候补道邓宪纯和候选知府邓林，倡议得到了大多数桑园围内士绅的支持，桑园围总局道光十四年章程中所列出的支持该制度的士绅计20多个。而且，此次分段专管章程的颁布，也得到了以两广总督为首的省级官员的支持。

基主制度建立之后，随后颁布的桑园围总局章程又明确了基段划分和基主的职责。例如，章程的第三条明确规定基主抢救桩潦、堵塞决口的责任。基主要在每年清明之前买定杉桩，以备基

---

① 同治《桑园围总志》卷三《桑园围丁丑续修志》。

围抢救之用。清明之后，基主要亲往基段查核，在潦水盛涨之时，应及时派人轮流巡视。潦水严重时，基主应及时设法堵塞，不然就要承担相关连带责任。再例如，章程第六条明确各基分段之间的界限，要求分段经管的基围分界用石板标明界址，并在石板上写明此处是某堡某乡分管基段，自某基处始至某基处止，基长一共多少丈多少尺[①]。以上种种详细的规定，都是为了明确基围各段的界限和基主的责任，从而保障桑园围的总体安全。

总而言之，从道光十四年开始，桑园围内建立了完善的基主制度。基主制度既承袭了明代以来各堡修各堤的惯例，又因应了清代乾隆以后桑园围修围制度和经费管理更加复杂的趋势，明确划分专段，以基主来专管基段，完善了桑园围的管理体制。这一制度是在官府、地方士绅的共同努力之下形成的，随着桑园围基主制度的建立，附着在基主身上的不只是维护的义务，配套的各种利权也开始凸显，比如基上的海利和杂息等。正是这些利权的驱动，基主们各显神通，不断进行宗族扩建和联合，桑园围内的基主宗族迅速崛起。

谁是基主

桑园围的基主制度是在各修各堡的原则之上，更加细致地将基围分段，这一制度也是各堡之间产生经费和权利纠纷之后应时而生的产物，目的是细化责任、规范桑园围管理。道光十三年，桑园围总局在官府的支持下颁布新章程之后，桑园围便有了明显的基段划分。《桑园围总志》里记载的桑园围道光十三年通修

---

① 同治《桑园围总志》卷三《桑园围丁丑续修志》。

志附有详细的《图说》，画出桑园围各堡所属基围的具体范围。但是，由于图文模糊，我们不能准确分辨基围和基主的名字。庆幸的是，道光二十五年（1845）大修之后的收支清册，列出了桑园围内大修期间各堡的基段划分及修筑基围所花费的银两。以下结合道光十三年的《图说》和道光二十五年桑园围大修后的清册，列出桑园围部分基段划分的具体情况。需要说明的是，南海十一堡中大同、金瓯两堡较为特殊——没有基围。龙山堡亦是如此。但是，这三个堡却与其他堡一样需要承担科派的经费与通修桑园围的义务。

先从上游的先登堡基围说起。先登堡基围因内有山阜，大部分基段可保无虞，只有圳口、茅岗两段水势较为湍急。先登堡基围包括茅岗区国器基，茅岗苏节苏万春基，圳口六户基，稔岗横岗基，凤巢李大有基，邓林李大成基，龙坑梁观凤、李瑯中、苏芝望、李栋四户基。经理业户包括李瑞时、区绵初、李继发、黄世昌、李廷昌、梁怀文、苏应铨、李茂芳、李和中、李端亮、李丽林。这里的经理业户指的是负责本段基围修护的主事者，应该就是基主。可见，先登堡内基围的基主主要为李氏。

海舟堡在桑园围内堤围险段最多。该堡内管基围共一千三百零一丈一尺，道光二十四年经管基围：李继芳基，长一百六十丈；李复兴高户基，长五十五丈七尺；梁税祐基，长三十二丈八尺；黎余石基，长三百三十二丈八尺；梁万同、李遇春、简其能、麦秀阳、林璋基，长二百二十四丈五尺；十二户三丫基，长五十丈；自伏波庙至天后庙长十二丈；天后庙至梠树基长十八丈；自梠树起至谭家祠前止，长九十八丈四尺；自谭家祠至镇涌堡分界长四百三十七丈。道光二十四年大修中出现的李继芳基、梁税祐基、梁万同五户基、十二户三丫基、天后庙、伏波庙等基段名称，皆可以在道光十三年的图上找到。可见，桑园围基段划分确定之后，分基负责基本是稳定的。

甘竹堡，内有鸡公围，长二百六十丈，相比南海各堡较少。鸡公围的管基基主以黄氏家族为主，主要是黄岐山的后人。

龙江堡，所管基围有四百八十五丈之多，基界从河彭围界开始，连接南海的沙头堡，基主不详。从地理位置上分析，龙江堡所管基围就是明代的河彭围。

从上述资料可以看到，很多基围以人名命名，这些人名便是基围附近的业户，是对桑园围总局章程中所说的"某堡某段某户专管"的印证。而负责基围经管的业户，则被称为基主，总理首事则被称为基总。基总和基主对所管基围负有明确的责任和义务，基主若修基不力，则要承担相应的连带责任。同时，需要强调的是，官方规定基围"附近之海利、鱼埠、沙租、杂息，亦归经管基主业户所得"①。这些所得按官方的规定必须用于堤围的维护，但在实际过程中，获得经费的基主却常常挪用经费，用以扩大本族的影响力。同治《桑园围总志》多次记载经费被挪用的案例：

> 唯查各堡附基产业、水利及乡中公众租息，每为无识耆老弟子把持，留为乡内酬神、演戏、赛会、酒食之用，或拨归该处书院公费，或据为各姓祖祠蒸常，置基工于不问。②

---

① 同治《桑园围总志》卷九《癸巳岁修志》。
② 同治《桑园围总志》卷九《癸巳岁修志》。

这种让经管基主业户获得海利、鱼埠、沙租、杂息等利益的规定，实际上有利于强化业户对基围及基围内土地的掌控。也就是说，谁负责修筑堤围，成为基主，便享有控制以上几项经济活动的权利。基主的确立意味着附近业户对基围和围内土地、附着产业产权的掌控。这种规定对业户而言，可以说是一种激励，促进他们积极承担修围的责任，甚至不断进行土地开发，获得更多附加在土地之上的权利。

屡禁难绝

基主制度建立之后，基主为扩大附着在基围上的利权，修建了很多子围。龙山的大部分子围筑于乾隆以后，其中乐成围是在道光年间基主制度形成之后由六埠合筑，长达四百多丈。子围的大量出现虽然扩大了桑园围的土地规模，但也直接导致了水势淤积难消的问题，进而引起桑园围内涝。

除了修筑子围之外，附近业户也会对基围外的土地进行开发。在基围之外，长期大水冲击带来大量泥沙淤积，后期由于出海水道变窄，泥沙淤积的速度加快。附近业户多在泥沙上填土造田，种植农作物或者养殖鱼苗。嘉庆年间，业户大规模开发土地的现象已经普遍存在，甚至危及桑园围大围的安全。针对这种现象，桑园围总局在总局章程中详细分析了危害性，并严厉禁止滥用土地的行为：

> 一拟严禁害堤毋稍狗隐也。昔人筑围以捍西江，围边必多余地，今已日就削薄，而堤畔又开池种藕，或蓄养鱼苗，藕根最易坏礌，众莫不知养鱼苗者内水已浅，不能敌堤外

盛涨之汪洋，最为堤害。更有堤上大树从而削伐，其根一腐，不数年西堤即冲决。①

从上可知，当时很多业户在堤畔开池种藕、养殖鱼苗，莲藕根易腐烂，养鱼的地方本来水势已浅，必然不能抵挡洪水侵袭。此前乡民为了阻挡西江洪水，多在堤上种树，因树木能够保护山土，调节水量。但到了嘉庆年间，却出现了居民大肆砍伐堤上大树的状况，树干被削伐，留下树根很快腐朽，水土保持能力持续下降，对基围有百害而无一利。

这种现象在顺德龙山也广泛存在。民国《龙山乡志》记载说：

> 西江珠滘之界，绵亘一千七百五十余丈之长，岁叠被水灾频摧基址，平堤半擘，断堰仅存。时贪利忘害者，每盗工以培田；乘隙肆奸者，暗削基而拓地。甚或各贪私便，引潮则掘堑成坑；忍逞刁凶，防水则以邻壑。基身日卸，围穴日伤，土骨巉严，泞蹄濡渍，竟有低于平地，缺若颓垣。②

总而言之，在堤围内外，盗土、削基拓地的现象日多，导致基围基身渐薄，有些基段甚至低于平地。这样的状况，致使桑园围随时面临安全隐患。龙山乡人看到这种状况，发出了"倘猝遇西潦至来，何以为百川之障"的疑问。

桑园围地区还存在贫民盗葬行为——他们或将逝者偷埋于大堤之上，或挖掘堤上泥土将尸体埋于其他地方。这种现象比比皆

① 同治《桑园围总志》卷三《桑园围丁丑续修志》。
② 民国《龙山乡志》卷五《堤围》。

是，桑园围堤土被挖，长此以往，对基围的危害可想而知。

以上种种破坏行为，都导致桑园围在乾嘉之后出现了严重的生态危机。面临危机，官府和桑园围总局采取多种措施予以纠正。例如，针对以上盗葬毁坏堤围的行为，桑园围总局多次责令基围附近业户时常勘察，如果发现新葬于基围之上的行为，立刻勒令迁葬，并且要将已挖之土填筑坚固。桑园围总局还责令基总随时查报，如果基总徇私纵容，则承担相应的责任。[1]

桑园围的生态危机根本上是由堤围内外的无节制开发导致的，除桑园围总局外，官府也出台一系列措施进行挽救。这些措施主要包括以下几个方面。

首先，限制对土地的围垦。官府认识到沙田滥垦的危害性，出台一系列限制围垦的措施，希望借此缓解西江水患。乾隆三十七年（1772），官府颁布限制围垦的措施，最初一段时间只对报垦的沙坦数作出限制，乾隆五十年（1785）曾一度弛禁，嘉庆、道光年间进一步明确规定围垦的范围。[2]嘉庆十八年又详细规定，只能在距离海口几十里之外的地方围垦，因为这些地方距离堤围较远，不会妨碍堤围内外的水道流通。

其次，将以往脆弱的土基改筑为石堤，并且拆毁堵塞水道的石坝。乾隆年间，桑园围已经有部分堤段改用石堤。嘉庆二十二年桑园围大水之后，水患比较严重的堤围全面改筑石堤。为了开发沙田，桑园围地区还筑造了很多石坝，石坝严重堵塞了出水道。对此，道光九年和十年（1829—1830），官府采取拆除石坝的措施，以疏通水道。

---

[1] 同治《桑园围总志》卷三《桑园围丁丑续修志》。
[2]《珠江三角洲农业志》，广东人民出版社，2020 年，第 211 页。

　　最后，禁止堤围附近居民砍伐基围上的植被。桑园围堤上大树常常遭到附近居民私自砍伐，上游的森林资源受破坏也较严重，由此导致堤围水土流失。桑园围总局曾多次颁布章程，禁止砍伐堤围内外的大树，督促总局经理对砍伐行为严格稽查，违者送官处分。

　　然而，由于桑园围的开发一直受到官方的鼓励，尤其是官方默许的基主制度建立之后，导致了基围产权的扩张，大规模开发沙田的行为屡禁不止。不只桑园围地区，过度开垦的现象在珠江三角洲普遍存在。据官方统计，道光年间珠江三角洲地区的报垦田土数量达到三千多顷，这一数据已经远远超过以往任何时代。《桑园围总志》也记载说，当地居民除了开垦大海淤沙之外，甚至延及内河滩岸。可见，官府限制围垦和开发沙田的措施，在桑园围内并没有起到明显的作用，围内开垦事例仍然不绝，从大海淤沙到内河滩岸，开发比以前更烈。桑园围内的水患危机仍然不能得到彻底解决。

纷争不断

钦点翰林院编修

同治十年辛未科

臣 陈序球恭承

陈序球翰林功名牌匾（存于西樵民乐聚星村文化楼）

陈序球书法

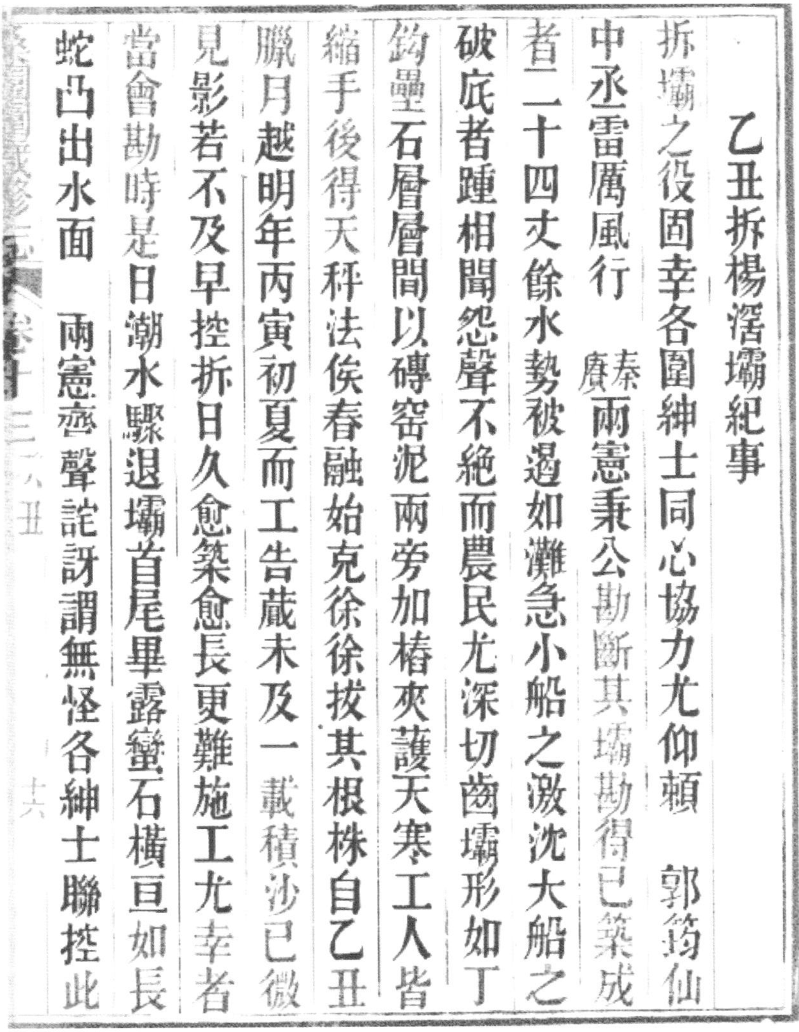

乙丑拆楊滘壩紀事

拆壩之役固幸各圍紳士同心協力尤仰頓　郭筠仙

中丞雷厲風行　奏　廣兩憲秉公勘斷其壩勘得已築成

者二十四丈餘水勢被遏如灘急小船之激汰大船之

破底者踵相間怨聲不絕而農民尤深切齒壩形如丁

鉤壘石層層間以磚窑泥兩旁加椿夾護天寒工人皆

縮手後得天秤法俟春融始克徐徐拔其根株自乙丑

臘月越明年丙寅初夏而工告藏未及一載積沙已微

見影若不及早控拆日久愈築愈長更難施工尤幸者

當會勘時是日潮水驟退壩首尾畢露蠔石橫亙如長

蛇凸出水面　兩憲愈聲詫訝謂無怪各紳士聯控此

《重辑桑园围志》载拆杨滘坝事

温子绍像（温氏后人温荣欣先生供图）

温子绍之子温其球像

顺德三堡的抗争

乾隆五十九年，在温汝适等人的努力之下，顺德的龙江、龙山、甘竹三堡加入桑园围通修之中，且最终认捐白银 1.5 万两。在通修完成之后的嘉庆元年（1796），桑园围总局组织在河神庙唱戏酬神，特意邀请了甘竹、龙山、龙江三堡的士绅观看，甚至不惜花费钱财，找工匠做匾额送给三堡，以表示对三堡此举的认可和表彰。参与桑园围修筑的顺德士绅对此则坦然接受。

此后，桑园围总局拟订新章程，意图将全围十四堡通修合法化，顺德三堡同样被纳入桑园围按粮起科的范围当中。总局在不断更新变化的章程中反复强调以后通修要按照甲寅年旧例，即由南海县十一堡认领十分之七，顺德县三堡认领十分之三。

在桑园围总局看来，这是十分正常的举动，是顺德三堡理应承担的义务。但南海十一堡在推举总局首事的时候，却将顺德三堡排除在外。以嘉庆二年（1797）为例，这一年海舟、金瓯、大同、简村四堡公举二人为总局首事，任期三年。三年后，先登、百滘、云津三堡推举二人担任首事。再三年后，镇涌、河清、九江、沙头四堡推举二人，任期同样是三年。以此类推，十一堡轮流推举首事人选。围内的士绅们普遍觉得，只有这样才能保证桑园围资金的透明、维持围内各堡势力的平衡。明眼人很快就发现，推举首事却没有顺德三堡的份。以南海士绅为主的桑园围总局，既希望顺德三堡能够承担维修义务，能认领十分之三的资金，同时也希望顺德三堡不要参与总局事务。

显然，顺德三堡并非所有人都像温氏一样支持通修桑园围。反对者认为，乾隆甲寅捐助桑园围，只是由于当年水灾较严重，此围又连着南海、顺德两县，桑园围冲决对三堡有害而无益。且在官方层面，有高级官员如两广总督、广东巡抚、广东布政使，有基层官员如南海县知县、顺德县知县出面做工作，顺德三堡唯有顺应形势。但对顺德三堡来说，通修只是一次性的责任，他们反对桑园围总局将顺德三堡的捐助以义务的形式纳入总局章程。在甲寅通修后不久，顺德的士绅甚至联合给广东布政使呈文表示拒绝桑园围甲寅志所倡导的"南七顺三"的摊派规则。

然而，桑园围总局在以后的通修中还是将顺德三堡纳入了摊征范围。对此，顺德三堡的士绅十分不满，并多次拖延缴纳摊征款。嘉庆二十二年大水之后的通修，甘竹堡应纳银七百八十六两三分二厘。龙山和龙江较为富庶，摊征较多：龙江堡应纳银三千三百两，龙山堡应纳银四千一百二十五两。但除龙山堡完缴外，甘竹、龙江两堡不愿缴款：甘竹堡欠银四百九十两，龙江堡欠银一千一百一十九两。[①]桑园围总局首事罗思瑾多次派人催促，二堡仍然无动于衷。无奈之下，罗思瑾将此事禀报给广州府，企图借官方势力对龙江和甘竹二堡施压。广州府考虑到大工在即，修筑断不能有任何拖延迟缓，且春雨越来越近，一旦春雨来袭，对已经遭受重灾的桑园围来说，无疑是雪上加霜。于是，广州府迅速发文给顺德县，让顺德县催促龙江、甘竹二堡乡民早日缴纳

---

① 同治《桑园围总志》卷三《桑园围丁丑续修志》。

维修欠款，好让桑园围总局早日完筑堤围。最终在顺德县知县的催促下，甘竹、龙江二堡才缴纳欠款。我们从中可见二堡均有明显的抵触情绪，这种情绪致使以后顺德诸堡与南海诸堡多次对簿公堂。

到了光绪七年（1881），龙山堡终因缴款问题而吃上官司：翰林院编修、云津堡进士陈序球呈控龙山堡举人李珠光、赖孟瑜等人抗不尊科。从双方的头衔可以看出，原告和被告都是参加过科举考试的读书人，都有功名在身。事情的起因与桑园围通修起科有关。光绪七年，桑园围大水，需要全围通修，按照以往"南七顺三"的成例，龙山堡应该起科四千两银。对此，龙山堡士绅分为两派，一派如举人左永思、训导冯培光等，主张遵照旧例交钱。而另一派以李珠光、赖孟瑜为代表，拒绝交钱，且态度十分强硬。桑园围总局多次派人前去龙山堡劝导，总局甚至提出让两派派出代表或者李、赖二人作为代表去主理桑园围基务的方案，希望以此软化二人的态度。

但是，李珠光、赖孟瑜偏偏不按套路出牌，拒不与桑园围总局代表会面。桑园围总局代表只见到了一个未交钱的举人张伯康，经过劝导，张伯康表示尽量捐银。但是对桑园围总局来说，捐银多少是不固定的，只有龙山堡按粮起科才能完成规定的数额，李、赖二人的拒绝合作让经费筹措进展缓慢。此事惹怒了桑园围首事陈序球。陈序球见劝导无果，便一纸诉状将李、赖二人告上公堂。

陈序球（1834—1890），南海县云津堡儒林乡（今佛山市南海区西樵镇民乐聚星村）人。同治元年（1862）得中举人，同治十年（1871）高中进士，授翰林院庶吉士，散馆授翰林院编修。光绪十四年（1888），陈序球与晚清著名外交官陈兰彬、东莞知名学者陈伯陶和民国东安县（今云浮市）第一位民选县长、光绪壬辰科探花陈济坤等广东48位陈氏士绅名流，联名向全省各地陈姓宗族发出《广东省各县建造陈氏书院》《议建陈氏书院章程》等信函，发起筹建广东72县陈姓合族宗祠，以拜祭祖先、宗族联谊，亦为各县陈姓子弟赴省城读书应考、诉讼、议事等事务提供临时居所。这座陈姓合族宗祠就是后来赫赫有名的陈家祠。陈序球进士出身，又在中央当官，在当地颇有话语权，得以出任桑园围总局首事。为了规范桑园围的管理秩序，光绪十九年（1893），他与围内另一士绅何如铨一起倡议重修《桑园围志》。

光绪七年，已为翰林院编修的陈序球请假回家乡省亲，恰巧碰到龙山堡举人拒科一事。陈序球在诉状里指出，自乾隆五十九年起，桑园围全围通修，顺德三堡认领起科银的十分之三已成定例，且有案可查。这次起科龙山堡应纳银四千两，其他人都愿意遵照旧例缴纳，唯有李珠光、赖孟瑜二人抗拒，这是极度自私的行为。如果各堡纷纷效仿，那桑园围岂不是乱套了，后果是十分严重的，请求广州府发文给顺德县，命令龙山堡士绅抓紧完纳钱粮。①

陈序球的诉状引起了广东巡抚裕宽和广东布政使姚觐元的强烈共鸣，他们批词指责李珠光、赖孟瑜二人的自私行径。姚觐元还特意选派人员与顺德县知县一同督促李、赖二人清缴。此案以李珠光、赖孟瑜在当年照数完纳银两告终，两人还被当作反面教材训斥。可见，"南七顺三"已经成为桑园围不可撼动的规则。

虽说规则已成，但顺德诸堡并未因此放弃抗争。到了1914年，甲寅通修规则确定已有120年，桑园围因大水再次全围通修时，顺德的甘竹堡仍不配合，甚至表示甘竹滩鸡公围并不属于

---

① 光绪《重辑桑园围志》卷八《起科》。

桑园围。

鸡公围又名黄公堤，由黄岐山所修，后人出于感念黄岐山，将鸡公围称为黄公堤。1914 年，甘竹堡的黄竹湘提出鸡公围不属于桑园围范围，拒绝承担通修桑园围的摊派。作为黄岐山的后人，黄竹湘这种说法的依据是万历四十二年（1614）的一通碑文，碑上记载了黄岐山修筑黄公堤的事迹。黄竹湘认为黄氏拥有黄公堤的主权，而黄公堤上的店铺租金等是黄氏自行修筑该段基围的资金保证，与桑园围无涉。此举引起桑园围总局的强烈反感。总局士绅开始从桑园围的文献着手，条条举证，指出在岁骼制度建立之后，鸡公围领用过桑园围的岁修专款，既然领过专款，就属于桑园围的一部分，那么甘竹堡就必须承担桑园围全围通修的义务。在总局看来，黄竹湘只不过是找借口推脱修筑责任。

黄慕湘不服，将此事上诉到省政府，一度得到了省政府的支持。而桑园围总局更加不服，也想通过上诉翻案。如此反反复复，官司持续了四年之久。最终在 1919 年，省政府根据《顺德县志》《桑园围总志》等文献的记载认为，鸡公围早在洪武年间便已是桑园围的一部分，万历年间黄氏祖先黄岐山只是在原来的基础上对鸡公围进行加高培厚，并未重筑。因此，判定桑园围总局胜诉。[1]后来，桑园围总局为了杜绝此类事情再次发生，便上诉省政府，请求将黄公堤万历年间的碑文销毁，并撰写《续修桑园围志》，将黄公堤属于桑园围这一规定写入文献。

从以上纷争可见，自从全围通修的规则制定之后，顺德诸堡的抗争一直不断。

---

[1] 民国《续桑园围志》卷十二《防患》。

"两龙"争议案

桑园围内纷争不断，除前述顺德三堡的抗争之外，围绕增筑子围和窦闸的争论也不少。

窦闸，又称为闸窦，是一类有闸门启闭的排灌设施。窦闸修筑有其利也有其弊，桑园围下游修筑窦闸，往往会减慢河水流速，不利于上游宣泄洪水。所以窦闸和子围的修筑，往往会影响桑园围相邻诸堡及上下游的关系。早在康熙年间，九江与桑园围上游诸堡就有一场关于子围修筑的浩大官司。同治四年（1865），以卢维球为首的士绅们更是公开反对顺德县修筑杨滘坝水闸，此案被详细记录在光绪《重辑桑园围志》之中。

杨滘坝位于顺德县，地处桑园围下游，近于西江要道的黄连海口，此地为桑园围各围的排水要区。杨滘乡士绅马应楷等人于水面平缓之处投石筑坝，希图开发沙田。卢维球等人认为此举有碍桑园围等围排水的通畅。

卢维球，字惠屏，号夔石，南海沙涌乡人，幼年十分聪颖，读书过目不忘，在南海地区颇负盛名。道光十五年（1835），卢维球以沙涌乡第一名的成绩，成为县学生。咸丰年间，考取贡士，在县学任训导一职。[①]

桑园围内有话语权的人往往是这些得中功名的士绅，卢维球便是其中之一。马应楷等修筑杨滘坝之时，恰好是卢维球掌管桑园围事务。卢维球联合南海十一围的士绅向两广总督郭嵩焘上书，陈述杨滘坝阻碍桑园围排泄，请求拆除杨滘坝。在获得批准之后，卢维球亲自组织人员予以拆毁。此事被认为是卢维球

[①] 宣统《南海县志》卷十九《列传·文学》。

一生重要的功绩，录于《南海县志》本传中。此次诉讼，以马应楷等人落败而黯然收场。

光绪七年（1881），龙山、龙江两堡因为修筑窦闸也发生了争端。从当年正月开始，龙江堡士绅薛聪等人为了防止外水流入破坏龙江桑田，联合金城埠忠臣坊、勒流堡军机寨等坊在龙江炮台脚、三丫海官涌修筑了两道水闸。因龙山堡四图皆处于桑园围下游，上游数十堡的河流都必须经过龙山堡，再由龙山堡流入龙江炮台脚。龙江在炮台脚筑水闸的举动无疑阻碍了龙山的水流畅通，轻则水势缓慢，重则引起龙山内涝。因此，正月二十三日，龙山堡毗邻龙江的第一图、第二图耆民张燦联、胡献荣、刘振芳、梁镇邦、黄绣充等人，相约来至龙山堡乡约（奉官命在乡中管事的人）控告此事。他们担心一旦西潦暴涨，龙江堡便会关闭窦闸，那样会导致包括龙山在内的桑园围上游诸堡内水无法宣泄、居民田亩淹毁、税业无法保障，上游各围也有内溃危险。

举人梁士衡应该就是龙山堡的管事，在听闻第一图、第二图乡民控诉之后，便亲自查勘水闸情形，上报给桑园围总局。对此，桑园围总局十分重视，迅速上诉给顺德县知县陈明利弊。顺德县知县下令龙江堡停止动工，已动工的部分也要拆除。但薛聪等人认为水闸已成，没有强拆之理。桑园围总局又迅速上书给广东巡抚张兆栋，请求按照康熙年间九江筑闸最后被上游诸堡拆除的先例，强制将龙江已经筑成的两个水闸拆除。张兆栋对此案的批词是："广州为众水归墟之地，下流壅塞，则上流都要深受其害，桑园围地大物博，龙江此举无疑阻碍了桑园围的水道，即日起督促各闸立即拆除，不得延误。"①

---

① 光绪《重辑桑园围志》卷十二《防患》。

命令已下，桑园围总局首事陈序球亲自带人前去龙江炮台口督促薛聪等人拆除窦闸。但薛聪等拒不遵命，而是继续选择上诉。双方反复拉锯数次，几乎酿成武力冲突。最后由两广总督拍板定案，龙江两水闸可以不拆除，但此后永不得关闭闸门，以此作为平衡龙江及龙山诸堡利益的两全之法，此案才得以平息。

龙山堡及桑园围总局虽然没有如愿拆掉龙江水闸，但只要炮台口水闸永不闭闸，龙山堡的利益就得以保全，可谓获胜。在这个案例中，龙山堡反对龙江筑闸，原因是下游诸闸会导致上游闭塞和围内内涝，为此不惜多次上诉。有意思的是，几年之后，龙山、龙江等下游诸堡联合起来修建活堤，闭塞下游三口，龙山更是此次事件的主持者。此事同样引起桑园围上游诸堡的反对。

龙山堡主张修筑活堤的时间是光绪十八年（1892），倡导者是龙山士绅温子绍。

温子绍（1833—1907），字飐园，龙山小陈涌人，他的祖父就是桑园围通修的倡导者温汝适，他的儿子温其球是民国时期享誉广东的画家。温子绍自幼痴迷军械。同治年间，面对外国的坚船利炮，清王朝为了自救，开始进行洋务运动。此后，曾国藩、李鸿章、左宗棠、张之洞、沈葆桢等官员兴办了许多军用企业，学习外国的"制器"之法。在筹办洋务的大潮下，两广总督瑞麟设立了广州机器局。由于温子绍曾经跟随山东巡抚丁宝桢筹办过海防，且精于机械设计，瑞麟便任命温子绍为广州机器局总办。在温子绍的主持下，广州机器局制造出多种枪炮，一时广为抢购。此外，温子绍还发明了"蚊子船"，可谓广东近代军工企业的创办人，为近代中国的军事工业做出了贡献。后温子绍辞归故里，在家乡龙山等地兴筑水利。

温子绍于光绪十八年提倡修建活堤，用以闭塞下游三口，以防止西江水倒灌入围。在行动之前，他把方案报告给了南海、顺德两县，以温子绍的地位，自然能轻易得到两县知县的认可。之后，温子绍着手采购物料，准备施工。此举引起了紧挨龙山的顺德诸堡的反对。所在三十六乡围身单薄，潦水直下，三口是排水通道，假如三口筑堤，河流堵塞，乡邻必将受其害，十一月初，顺德马营围士绅梁汝芬等人以此为由，率众焚毁了温子绍等准备建活堤的材料。桑园围各堡的士绅也反对温子绍联合龙山、龙江等下游五堡筑堤的举动。

在桑园围总局所在地河神庙，双方进行了激烈的论辩，焦点在于筑活堤之后下五堡得免倒灌之患，但上五堡的围内水却无从宣泄。群势汹汹，温子绍见状只好"屈于公议，自愿罢筑"。

不料，温子绍在桑园围总局表态罢筑只是缓兵之计，真正的意图在于让上游五堡放松警惕。不久，温子绍便率三口堤局纠合五堡绅民，在要隘处所筑台置炮、屯扎乡勇。三棚纠集工匠民夫日夜赶筑活堤，扬言敢有阻挠即开炮轰击，即便有县官介入干涉，温子绍等也是托病避谈，由一二乡老随意搪塞。[1] 精于先进武器设计的温子绍扬言轰击阻挠他修筑活堤的人，令上游诸堡十分忌惮。万不得已之下，地方官员出面居中调停，否定了温子绍等人的行为，并下令拆除下游的活堤。温子绍最终不得不放弃修筑活堤的计划。

此次活堤封口不成，龙山、龙江、甘竹诸堡并未放弃此议，随后提出下游歌滘、狮颔、炮台等三口筑闸的方案，以代替活堤封口。为了达到筑闸的目的，他们在围内事务中普遍采取消极抵抗的态度，并且联合同样处于下游的南海沙头堡延迟缴纳维修款，想以此迫使上游诸堡同意他们在三口筑闸。对此，桑园围总局一

---

① 《顺德县详覆活堤禀稿》，《续桑园围志》卷十二《防患》。

开始含糊其辞，其后压根不予理会。直到 1924 年，借着连续两年大水的契机，最终桑园围十四堡集议，以开放沙头内水闸作为交换条件，同意了龙山等堡筑闸闭口的请求。

此类桑园围内筑闸与反筑闸案件，纷纷扰扰，不一而足。

马头岗诉讼案

光绪十一年（1885），西江潦水为患。此次大水较以前严重，西江流域的多个基围深受其害，南海的大栅围、大有围、桑园围受冲击尤甚。在这种情况下，两广总督张之洞同意发帑通修基围。桑园围总局启动修筑事宜，主事者为李锡培、潘誉征、张绾生等士绅。

李锡培，生卒年不详，曾中举人，为桑园围总局首事，参与校对《重辑桑园围志》。潘誉征，南海县百滘堡黎村（今南海区西樵镇百西社区村头村）人，他的父亲潘斯濂与李鸿章是同榜进士，也是促成桑园围岁修拨款的士绅之一。[①] 潘誉征出生于书香门第，自己也十分争气，同治十二年（1873）举人，任户部郎中，纂有《清芬集》，后与何如铨等人参与光绪《重辑桑园围志》的编写，还参与宣统《南海县志》的撰写。张琯生，字锡祥，号蓥云，南海县先登堡新罗乡（今南海区西樵镇新河社区一甲村）人。与潘誉征出身显赫不同，张琯生十四岁就成为孤儿，家里一贫如洗，但他勤奋刻苦，同治十一年（1872）中举人，光绪九年（1883）中进士，曾任户部主事。张琯生为官廉洁，清心寡欲，不汲汲于富贵，对家乡事业十分热心。这三人在桑园围内的地位颇高，水

---

① 宣统《南海县志》卷十四《列传》。

灾之后，他们按照往年通之修例组织桑园围通修。

但是，此年的水灾尤其严重，不止桑园围，南海的大栅围和大有围亦屡次告警。因此，以大栅、大有等围为首的士绅请求官府拨银二万两，加上当地慈善组织爱育堂助银1万两，"因合十四围通力合作"，一共得银三万两，作为联合修围的经费，并且选举登云堡士绅李应鸿作为首事，负责十四堡修筑事宜。

李应鸿，道光十一年（1831）出生于登云堡李边村（今属南海区丹灶镇），同治六年（1867）举人，同治七年（1868）进士，曾在江西、陕西多地任知县，光绪年间赋闲在家。李应鸿关心桑梓事业，在南海地区颇有威望。然而，李应鸿的家乡登云堡并不在桑园围范围之内。现在的丹灶镇地处北江、西江之冲，北江支流南沙涌穿流而过，南面又依西江，在明清时期分属于江浦司鼎安都之下的伏隆堡、丹桂堡、登云堡、蟠溪堡四堡。登云堡在丹桂、伏隆东北面，靠北江支流，下辖八个村落。在登云堡内，有官洲围、大有围、大良围等基围。其中，大良围濒临北江支流南沙涌，又与大栅围相连。据乾隆《南海县志》载，大良围基长两千零五十二丈七尺，自东边三水界起，基外有沙坦，较为平易，唯有西基一段稍险，通南岸，下与大栅围横基相连。基内共有21个村庄，分属南海、三水二县，是为三水、南海两县共有的跨界基围。

以上所提到的基围皆在光绪十一年西江大水冲决之列，李应鸿在官方资助下主持的这次基围修筑，便是指大栅围、大有围、官洲围、大良围等十四围通力合作的大规模通修。此次十四围联合并不包括桑园围，李应鸿为首的士绅代表的亦是大栅、官洲、大有等十四围的利益。

李应鸿经过详细勘察思索，觉得此次修筑基围较多，应该釜底抽薪、修筑窦闸拦阻西江大水，于是决定在官山墟外马头岗的三圣宫前筑窦闸，水患来临关闭水闸，水患退去则开启水闸。如此则可保护内基，又可减工省费。经过周详的筹谋规划之后，李应鸿便联合十四围士绅开始在马头岗动工。

但此举却触动了桑园围的利益，因为官山墟马头岗处于桑园围内上游，官山墟同时也是桑园围的出水要津，修筑窦闸会导致桑园围内排水不畅，对桑园围内农业生产危害极大。因此，以李锡培为首的桑园围士绅极力反对此事，张琯生和潘誉征利用他们的声望和地位，联合上书两广总督张之洞，反对南海十四围在马头岗地区筑闸。

此次上书引起张之洞重视，张之洞随即派下属官员勘察此事。但在勘察之前，李应鸿为首的十四围便以修筑基围事宜乃官府允许，先行在马头岗一地落石塞海，动工修筑水闸，以显示修筑窦闸一事已成定局，即便官员勘察也无法改变事实。此举导致桑园围群情激愤。据宣统《南海县志》记载，"桑园围于是相率焚烧工厂，毁沉石船，群情汹汹不能收拾，此役遂罢"。张之洞委派的人看到桑园围内士绅为了阻止马头岗修筑水闸，竟不惜采取焚烧工厂的暴力手段，认为桑园围此举显然是恃强压邻，于是将此事上报张之洞。之后李锡培被革去功名，张琯生、潘誉征等士绅亦听候发落。

桑园围士绅经过商议，宁愿赔付给十四围二千两白银用以销案。然而十四围对没有建成水闸一事十分不满，认为修筑堤围是官方拨款，得到官方的认可，桑园围却采用暴力阻挠，现在赔付与否都不重要，重要的是此事已经引起十四围公愤，以李应鸿为首的十四围士绅断然拒绝了桑园围的赔付方案。桑园围内士绅又商议将这二千两白银送予李锡培，日后可以作为他捐复功名的资本，而且感念李锡培的举动，将他附祀在河神庙之中（桑园围河神庙祭祀的都是对桑园围做出突出贡献的人，如陈博民、温汝适）。

马头岗一案五年之后，张之洞从两广移督湖广。在去湖北就职之前，张之洞驾小舟巡视马头岗和西樵山。当他站在西樵上俯瞰桑园围，顿时豁然开朗：原来马头岗正是桑园围全围水道的宣泄处，那么桑园围士绅不肯筑闸也在情理之中。张之洞迅速下令为李锡培销案，并恢复李锡培的功名，此事最终告一段落。

看看这些桑园围内形形色色的纷争，有属于顺德三堡对南海诸堡的抗争，其目的是减轻承担桑园围通修的义务；有顺德龙山堡对龙江堡在下游修筑窦闸的反对，其目的是使龙山堡税田免于受内涝之苦；有桑园围上游诸堡对下游诸堡修活堤及筑闸的强烈抗议，其目的是保障上游诸堡水流排泄顺畅；也有桑园围与大有围、大栅围等南海基围修筑马头岗水闸的诉讼案，其目的也是维护桑园围的利益。

在这些纷争中，我们可以发现，各堡各围最终都是站在自己的角度，立场不同，利益自然也不同。但需要强调的是，维护自身利益并不代表他们像对手攻击他们时所说的那般自私自利，他们维护本围民众和田地的举动无可非议。立场不同，是非对错本就无从判断。我们从这些纷争中也可以看出，到了晚清尤其是光绪以后，包括桑园围在内的珠江三角洲的基围已经是休戚相关的利益共同体，桑园围下游筑闸会影响上游水流，上游的排水也会影响下游的堤防，南海十四围修筑窦闸会影响桑园围的水道宣泄，而桑园围内的排涝也会影响南海十四围的基围。而各围士绅皆从维护本围利益的立场出发，采取或筑闸或拆闸的措施，诉讼不断，最终不得不由官府介入其中。在这种情况下，不论对于顺德还是南海而言，联围已是大势所趋。

联围成功

梁知鉴画像

安葬梁知鉴、梁士诒的九亩墩

位于三水区白坭镇西江江畔的思德亭

思德亭"东渐西被"碑

1915年洪水淹没珠江堤岸

1915年遭受洪水侵袭的广州

联围的初步尝试

岁 赂 制度建立之后，桑园围的维修经费除依靠官方拨款之外，还依靠对围内居民起科、民众捐款及公益机构捐款的方式，基围的公共属性凸显。而官方对围内事务的介入也越发明显，从清末起桑园围内外发生的多次纠纷，最后都只能依靠官府解决就可以看出这点。围内的纠纷也恰恰说明桑园围及珠江三角洲的基围已经结成紧密的共同体，一荣俱荣、一损俱损。在官方的斡旋之下，从光绪年间开始，珠江三角洲的部分基围出现联围的初步尝试。

光绪十一年，大栅围、大有围等十四围与桑园围争执不断，几乎酿成械斗。在这次事件中，我们不应该只看到桑园围为维护本围利益所做出的努力，更应该看到南海的十四围已经实现了联合，这便是清末联围的首次尝试。

如果说这次联围是由乙酉大水引发的偶然案例，那随后丹灶境内大良围的修筑，则是更为直接的联围案例。

丹灶内大良围本与官洲围、茅地围相连，在光绪之前，由于地域之分，各基围互不相属，基围的修筑与维护也是各不相派。但大良围位于大栅围、大有围、蚬壳围等围的上游，一旦崩决，下游各围深受其害。

光绪六年（1880），大良围火基、西企礅等地被洪水冲决。

光绪十二年（1886），与大良围相连的官洲围横义社细冚又被冲决。这些灾害都对下游基围造成了危害。为了维护基围利益，光绪十三年（1887），李应鸿集议大栅、大有、蚬壳三围合筑大良围大基，"旋请大吏奉发官款一万七千四百两，合官款共两万有奇，因就大良围外之官洲、茅地两围加高培厚作为大良围大基，计东基长两千余丈，三围于是合一"①。

大良围大基的修筑，反映了基围其实是地方的利益共同体。最终在李应鸿的建议之下，官洲、茅地两围得到加高培厚，且加高培厚的部分成为三围的公共基围。大良、官洲、茅地三围合一之后，也连接了大栅围和大有围。

光绪十六年（1890）的南顺五堡东西围相连，又是联围的另一典型案例。东西围在顺德、南海两县交界之处，环绕南海县吉利、龙津、鳌头三堡与顺德县水藤、葛岸两堡，共三十乡。东西围原分属两围，据民国《顺德县志》记载：两围旧日各有围基，中间有一水相隔，彼此本不相属。西围全部属南海县，东围则一半属顺德县，一半属南海县。因为南海县梧村的某个望族居住在围边，而且在东围上跨基修建祠堂，久而久之围堤变得低平，导致洪水来时基围无法阻挡。下游各村的农民迅速在村后修筑窦闸，以图抵御洪水，但上游各村强烈反对，亦是群情汹汹，各村驾炮列械，几乎酿成械斗。最终在南海、顺德两县知县的调和之下，决定南在梧村涌口建平流闸一座，北在人口涌口建吉利闸一座，各筑闸门以供启闭，两围连成一体，东与水藤堡玉带围相连。至此，南顺五堡的东围和西围也实现联合。

可见，在光绪年间，珠江三角洲的部分基围已经开始联围的

----

① 宣统《南海县志》卷八《江防略》。

初步尝试，只不过这些尝试还未涉及桑园围与其他基围的联合。但从更广泛的意义来说，我们今天所看到的桑园围，又叫樵桑联围，是南顺十四堡桑园围与樵北大围的联合，横跨南海、顺德，几乎包含了佛山市依西江和北江区域的所有堤围。樵桑联围中的樵北大围，北起于现在三水境内的思贤滘，南至西樵与桑园围相连，包含联围之前南海县境内的大良围、大栅围、上桑园围、巾子围、蚬壳围、大有围、闩门围与三水县境内的大路围、白坭围、黄家围等十几个基围。回顾以上我们所展现的大栅围、大有围、大良围、蚬壳围等基围联合的案例，可以发现这些基围都是现在樵北大围的组成部分。因此，我们可以认为，广泛意义上的桑园围在清末也出现了联围的趋势。

乙卯大水的契机

民国初年，珠江三角洲水患频发。1913、1914连续两年大水，对桑园围危害较大。1915年又有大水，对整个珠江三角洲地区的基围造成了严重的损毁，这也是广东地区历史上危害最严重的大水之一，堪称两百年未遇的特大洪水。这一年是中国农历的乙卯年，所以这次大水被称为"乙卯大水"。

据记载，乙卯年六七月连续暴雨，西江、北江、东江同时暴涨，"洪峰抵达珠江三角洲后，下游的南海、顺德、番禺、新会、东莞等县堤围不是崩决就是浸顶"[1]。与珠江相邻的韩江、闽江、赣江、湘江、沅江等流域也同时遭灾。据统计，此次大水受灾人

---

[1]《龙江水利史》，第96页。

口 378 万人，死伤 10 万多人，受灾农田 648 万亩，对经济的打击更是无法估量。提起这次大水，经历者和未经历者都会感到胆战心惊，当时的官方电文和新闻媒体记录、报道了此次水灾。

水灾发生后，广东巡按使李国筠即发电文上报给袁世凯为首的北京政府，电文中描述了此次水灾的状况：广东省东江、西江、北江三江潦水齐涨，各县冲决基围、坍塌房屋、淹毙人畜、淹没田禾不计其数，而且省城广州水涨数尺，居民只能在露天的房顶上躲避水灾。可见当时灾情之严重。且当年 7 月 12 日，水灾开始波及省城，广州"由下西关而及上西关，水势汪洋不可复遏，下西关水高至屋瓦，上西关水亦高至门"。水灾来临时，"大批难民汹涌相率入城，……其灾民不下十余万，大抵皆鸠形鹄面，僵卧地中，其惨状实不忍睹"。[①] 在 1915 年水灾之前，广东已经连续两年发生水灾，但此次比前两年更加严重，西江、北江、东江同时漫溢，"灾情之广，实情之重，实为从来所未有"[②]。

在这种情况下，北京政府和广东军阀为维护统治，纷纷组织赈灾。为管理珠江水利，还在广州专门设置了广东治河处，掌管广东地区河海疏浚、堤防建设、防患、水利施工筹款等事宜。政府还号召广东地区官商民一体，积极进行灾后重建。在资金筹集方面，除政府直接拨款之外，珠江三角洲地区各围也纷纷募资。因上下围休戚相关，为更好地恢复围内秩序，节约修围成本，出现了围内乡绅进行联围经管的实践。

联围修筑最为典型的案例是三水县的基围。据民国《三水县志》记载，1915 年大水之后，三水境内大陆围、永丰围、清塘围、

---

①《粤灾之特别报告》，《申报》1915 年 7 月 24 日。
②《大总统令》，《大公报》1915 年 7 月 16 日。

榕塞围等四十多处堤围全部崩决。洪水过后，三水地区围众开始募资修筑堤围，三水县工商局甚至写了一条《哀求救命》的救援告示登载在香港的《循环日报》上，告示说："本邑灾深地广，非藉乡人踊跃捐输，车薪杯水，何济于事？"[1]可见此地灾情之重。而以往的三水地区堤围修筑，主要也是各堡各村落负责修筑邻近的基围，这与明清时期的桑园围修筑并无差别。但在危急情况下，各村自修反而耗资较多，劳民伤财，且各地区并无统筹方案，上游筑闸可能会导致下游排涝困难，相连的基围往往损荣相共，这样分散修筑堤围反而收效甚微。三水白坭围、鸡陵围等基围此次崩决尤其严重，在这种情况下，白坭围众决定修筑联围，推举当地乡绅梁知鉴为主事，负责联围修筑事宜。

梁知鉴，祖籍三水白坭岗头村，出生于道光二十三年（1843），是民国年间曾任国务总理的梁士诒的父亲。梁知鉴早年师从南海九江大儒朱次琦，也是维新派领袖康有为的同门。1893 年，梁知鉴乡试中举，翌年赴北京参加会试。时值清政府甲午战败，李鸿章作为清政府的全权代表赴日本马关签约。《马关条约》签订的消息传来，正在北京参加考试的举人们十分激愤，以康有为为首的举人联合各省学子发起"公车上书"。而具有爱国情怀的梁知鉴，与黄恩荣、陈廷选等同乡积极响应康有为，毅然在康有为起草的万言书上签字，是公车上书的积极参与者。后梁知鉴历任廉州、钦州、北海等地商董，晚年归于三水故乡，为桑梓事业做贡献。

1915 年，梁知鉴已是 72 岁高龄，但仍为家乡受灾一事积极奔走，他号召东围、西围联合，并亲自会同东围、西围的相关士

---

[1]《哀求救命》，《循环日报》1915 年 7 月 19 日。

绅勘测灾情，牵头发起募捐。最终，在梁知鉴的号召之下，东围共捐款四万五千余银元，西围共捐九万五千余银元。随后东、西二围堵塞决口，对堤围进行加高培厚。这就是1915年大水之后的东西联合筑围事件。

此次联合筑围事件，具有标志性的意义，它使三水境内面向西江流域的蚬塘围等四个西围堤围，与东平水道的蚬壳等六个东围基围连成一体，成为四面环水的闭合堤围，抗洪能力得到加强。十围相连后的堤围便是樵北大围的主体部分。在新中国成立之后，樵北大围又与桑园围相连，成为如今的樵桑联围。可以说，1915年大水之后东围、西围相联，奠定了樵桑联围的基础。

东围和西围民众感念梁知鉴及白坭民众对联围所做出的贡献，于1934年在梁知鉴的家乡白坭镇岗头村建立了一座"思德亭"，亭子正中立石碑一通，为白坭东西围纪念碑，高1.69米，钢筋混凝土外框和底座。碑上段横刻"东渐西被"四字，下段是碑文，落款"中华民国二十二年立"。可见，1915年梁知鉴主持的十围联合事宜，在樵桑联围的水利发展史上具有重要意义。

1915年大水之后，桑园围的吉赞横基、鹅埠石、茅岗、石基、海舟河神庙、镇涌关帝庙、河清舍人庙外基、九江赵大王庙等堤段皆被冲决。桑园围总局除部分依靠政府拨款救济外，还积极筹款修复堤围。但历经辛亥革命、清王朝灭亡，军阀割据局面初步形成，嘉庆时确立的岁帑息银被挪作军费，不再发放。此次民国政府的拨款也不止针对桑园围一围，而是针对整个受灾地区。失去了国家专款的支持，桑园围总局的权威也骤然下降，龙江、龙山、甘竹三堡也纷纷绕开桑园围总局，自行成立基围局负责水利修复。桑园围总局向政府上文请求恢复桑园围的岁修专款，却以失败告终。在组织全围通修时，西堤最尾的甘竹堡也拒不配合，甚至提出甘竹堡鸡公围原本便不属于桑园围的质疑，企图脱离桑园围总局的束缚。经过四年漫长的官司，广东省政府判甘竹堡败诉，桑园围总局带人销毁了鸡公围万历年间的碑文，以杜绝甘竹堡脱离桑园围总局的后患。广东省政府和桑园围总局的举动，也是加强桑园围上游诸围与下游诸围联合的措施。

总而言之，以1915年大水为契机，桑园围乃至整个珠江三角洲的基围加快了联围的进程。

三口筑闸起风波

民国时期，广东地区降雨较以往频繁，加之无序的人为围垦，导致河道淤积，珠江三角洲的水灾尤其频繁，除了上文所述的1913—1915年的连续三次大水之外，1918又发生特大洪水。

此次珠江三角洲基围受灾严重，甚至直逼1915年大水。对水灾暴发的原因及危害程度，修于民国七年的《筹潦汇述》有详细的记载：

> 吾粤河道日淤，水患日深……乙卯六月，桑园围决口，石角围过面，省城西、南关水深没顶、溺毙人畜、倒塌房屋无算，烈矣！然水势之延长，仍未及本年也。溯乙卯仅浸十日，而本年直浸九十余日，且损失之大，百倍于乙卯。[①]

这一年，珠江三角洲的堤围几乎全部冲决，100多万亩农田被淹，顺德、南海、三水、高要等县受灾严重。桑园围再次处于

---

① 《龙江水利志》，第98页。

危急关头，闭口联围迫在眉睫。桑园围屡次受灾，归根结底跟河道淤积、容易内涝有关，而河道淤积的原因则是子围、窦闸等设施的过度修筑。子围、窦闸的修筑也致使围内资源分散，浪费人力和物力。解决这一问题的办法就是使桑园围成为一个大的闭口围，闭口之后再对外围进行加高培厚，内部子围进行优化调整，如此堤围被冲决的次数才能减少。但修闸闭口完成联围的任务十分艰巨，既需要巨大的人力物力，更需要有人统筹和组织。

早在光绪十八年，龙山、龙江、甘竹在温子绍的建议之下联合沙头等堡尝试修筑活堤，以闭塞下游三口，这是龙山等下游诸堡将桑园围从开口围转为闭口围的初步尝试。但由于彼时桑园围总局主张疏通为主，强烈反对下游诸堡修筑活堤堵塞水道，双方为此事几乎酿成械斗，温子绍迫于压力，只能暂时搁置活堤计划。此后龙山、龙江诸堡又企图在下游三口（分别是西基甘竹狮颔口、东基龙江东海口、歌滘口）筑闸以代替活堤，但也未得到桑园围总局的允许。下游诸堡此后对基围事务消极对待，以示抗议，但桑园围上游始终没有同意他们的请求。

1924—1925年，珠江三角洲连续两年发大水，桑园围基围损毁严重，尤其是上游西基段。桑园围总局组织全围通修，龙山等堡又提出在下游三口筑闸的建议。在此被动形势之下，上游诸堡被迫同意在下游三口筑闸，条件是开放沙头水闸来宣泄内水，最终双方达成协议。[①]

筑闸一事关系甚大，必须征得政府同意，桑园围内主事者将此事上报给了顺德和南海两县政府。顺德、南海两县正受困于水患危机，顺德县县长邓雄和南海县县长李宝祥也一致提议应该联

---

① 《续桑园围志》卷十三《渠窦》。

围筑闸，将桑园围改为闭口围，以求突破难关、解决危机。两县县长联围筑闸的方案与龙山、甘竹等堡要求下游筑闸的想法不谋而合。在政府的支持下，桑园围开始行动。此次行动是在顺德、南海两县县长亲自统筹和督促下进行的，尤其是邓雄为此次筑闸做出了很大的贡献。

邓雄是顺德龙江坦田坦东村人，出生于一个中产家庭。可以说，邓雄是在桑园围附近长大的。邓雄年轻时，广东地区很多人受到孙中山民主革命思想的影响，纷纷投身革命洪流。邓雄也是其中之一，他刚刚完成中学课程就报考了河北保定军官学校。从保定军官学校毕业后，邓雄积极从事民主革命活动。

1925 年，正当桑园围处于水患危机，邓雄出任顺德县县长。他生于龙江，长于龙江，目睹过洪水之害，希望尽自己所能为家乡解决水患问题。为寻求应对之策，邓雄召集桑园围内乡绅开会，对水灾的原因进行了精准总结。他认为近年来珠江流域频发水灾的直接原因是珠江水文的变化使洪水逐年增高，加上基围本身堤身单薄，围内子围众多，导致河道淤塞，排水困难。另一方面，桑园围本是开口围，开口的地方位于龙江下游的龙江涌、歌滘涌和甘竹下游的倒流港里海涌。每年汛期，西、北江水经里海、龙江、歌滘三涌倒灌入围，外围堤身不够坚固，内围矮小，无法抵御高涨的洪水，导致桑园围连年崩溃。[1] 要解决此问题，最好的办法就是联围筑闸。

邓雄与桑园围内乡绅的分析无疑是准确的。桑园围从宋元开始便是开口围，这是西高东低的地势使然，东堤西堤的开口也给桑园围带来了很多便利。对此，光绪《重辑桑园围志》进行

---

[1]《龙江水利史》，第 183 页。

过总结：

> 故北宋创筑桑园围，独留甘竹滩下狮颔口、龙江东海口、歌滘口不设围闸，使内河水易于宣泄，十四堡可及时莳禾供赋……围内诸水道及狮颔口等处流出，实全围水利，千百年成迹可循。①

因此之故，光绪年间龙江在下游修筑两水闸遭到龙山堡和桑园围总局的强烈反对，龙山联合龙江、甘竹等下游五堡修筑活堤和三口筑闸也遭到桑园围上游九堡联合反对。桑园围总局所遵守的是自宋以来"桑园围东南隅倒流港、龙江、歌滘两水口，不设闸堵水，听其宣泄，受水利，不受水害，亦地势使然，至今称便"这一规则。但自光绪以来桑园围屡苦水患的事实证明，宋代以来桑园围开口的设计，早已经不能适应水文的变化，对开口处的改造成为迫在眉睫的大事。邓雄和桑园围围董们商议的结果便是在甘竹（倒流港）里海狮颔口、龙江东海口、歌滘口建三个水闸，联结勒流西南的合成围，实现桑园围大围合口。

建闸不只事关顺德一县，也关乎桑园围上游南海县西樵、九江两地的安危，原则上来说必须经过南海县同意。邓雄多次亲赴南海，最终与南海县县长李宝祥达成联围筑闸的共识。紧接着，他又走访了广东省治河督办处督办戴恩赛，得到了戴恩赛的支持。②万事皆备，只欠东风，这个"东风"就是资金。在邓雄的支持下，龙江等地开始组织捐资活动，商号富户纷纷捐款。

---

① 光绪《重辑桑园围志》卷十二《防患》。
② 《龙江水利史》，第184页。

"东风"已备，这一年冬季开始修筑窦闸，第二年竣工。

这次修筑的水闸分别是龙江新闸、歌滘闸和狮颔口水闸（又称里海水闸）。在技术方面，这三个水闸都采用了混凝土结构，从而大大提高了水闸的质量。尤其是龙江新闸，"其闸膛设计达到9米多，使轮船可以自由进出，方便了交通运输……在当时是一项技术含量较高的水利工程"①。

三口筑闸是由顺德倡导的，是桑园围史上的重要事件，标志着桑园围联围的完成。联围成功之后桑园围总长64.49公里，其中东基从官山海口到西安亭，长20.54公里，西基从飞鹅岗（以前的鹅埠石基）接西安亭，长43.95公里。桑园围成为珠江三角洲基围之冠。

联围的目的是整合桑园围的资源和人力对大堤围进行培修、加固，提高基围防护能力。事实上，在实现联围之后，桑园围的防洪能力确实有所提升，接下来的十年内再没有发生大的崩决。但由于时局不靖，又有日本侵华，政府无暇顾及水利建设，导致桑园围管理处于无序状态，又出现了新的问题。这些问题在新中国成立之后才得到解决。这时的桑园围联围指的是内部从开口到闭口联成了大围，至于桑园围与樵北大围等毗邻基围的联合，则是在新中国成立后才实现，那就是更广泛意义上的联围了。

昙花一现围董会

在桑园围实现联围前后的几年，管理机构仍是桑园围总局。但政局动荡不安，修围成本逐年上升、资金难筹等问题难以解决，

---

①《龙江水利史》，第184页。

桑园围总局也逐渐丧失权威性，致使南顺桑园围的管理一度处于无序状态。顺德桑园围的修筑多依靠本地士绅及有影响力的宗族，南海也是如此。

1914年的大水之后，北京政府在广州设立了广东治河督办处，但由于时局不稳，治河督办处所起到的作用十分有限，1929年，存在了十五年的广东治河督办处被改为广东治河委员会。国民党形式上统一全国之后，珠江三角洲一带政局渐趋稳定，珠江水利局、省建设厅、东江西江北江三大工程队等水利组织相继设立，珠江三角洲的水政管理系统才逐渐完善。20世纪30年代之后，在南京国民政府的支持下，珠江三角洲各地基围相继成立了围董会，基层的水利管理转以围董会为中心，桑园围也是如此。至此，桑园围总局被围董会取代。

桑园围围董会的功能与桑园围总局相类似，即承担基围日常修护、主持桑园围通修事宜。虽然早在清末已有部分地区设立围董会，但那时体系并不完善。从1932年开始，广东省政府积极推动各地建立围董会，先后出台了《促成围董会办法》《广东东西北各江基围围董会组织规程》《广东各江基围围董会组织大纲》等文件。在政府的推动下，各地围董会陆续建立，"至民国末期，大多数堤围都设有围董会，或已筹备成立围董会"①。

围董会也承担维护水利的传统职责，如勘察汛情、组织堤工、筹备修围资金、购买防汛器材、提前防汛、组织基层岁修等，但与以往的基围局不同的是，围董会是在政府的推动下创立的，在多方面受到政府的管理和监督。

---

① 唐富满、周兴樑：《试论珠江三角洲的围董及围董会》，《中山大学学报（社会科学版）》2006年第2期。

首先，围董会必须遵循政府出台的围董会管理章程。例如，1932 年广东省出台的《促成围董会办法》明确规定："凡有未经遵章成立围董之基围，如果请求拨款或借款修理，本会得不受理；如有县长不协助本会办理围务事宜者，即查照本会组织条例第三条，函请省政府执行惩戒处分。"① 此外，政府还对围董会的成立程序、董事的职责做了明确说明，各地基围必须按照政府颁布的章程行事。

其次，围董会的最高理事被称为董事长，三年一换届。但董事长不能随意任命，而是按照明确的程序由乡民参加选举选出，选举必须以乡或者保甲为单位，"每乡以成年男女五百人推举一人为原则，不及五百人者亦得推选一人"② 。推选办法由乡镇公所拟定，并经过政府建设厅或者水利局审核后才能执行。而且，各级政府有权根据水利工程实施的效果，对选出的围董进行奖励和惩罚。可见，围董更像是政府管理下的基层官员。

最后，政府对围董会的人事、财政实行严格监督。围董会成立后，选出围董，必须由县府呈报治河委员会，由治河委员会给围董颁发委任令。在财政收支方面，规定凡修围款项在 200 元以上者，应由围董会议决之；其在 1000 元以上者，应呈请治河委员会核准。此外，每年 6 月底，各围董会还须将上年收支数目，分别造表呈缴治河委员会及所在县县长查核。③

总而言之，围董会是政府加强对基层管理和渗透的一种手段，

---

① 广东治河委员会编：《促成围董会办法》，《广东水利》1933 年第 4 期。
② 广东治河委员会编：《广东省东西北各江基围围董会组织规程》，《广东水利》1932 年第 3 期。
③ 唐富满、周兴樑：《试论珠江三角洲的围董及围董会》，《中山大学学报（社会科学版）》2006 年第 2 期。

桑园围的围董会也是在政府的支持下建立起来的，所做规划必须经过政府允许。在围董会的组织之下，民国年间南顺桑园围的建设也取得了一些成就，例如，1924 年修筑下游三闸，实现联围；1937 年，一艘名为"民族渡"的轮船从江门开往广州，行至顺德甘竹滩时，发生触礁事故，死难者达 300 多人，围董会与顺德、南海两县政府都主张爆破暗礁。同年 11 月，广东省珠江水利局派出爆破专家，在甘竹滩下香墟炉石进行了局部爆破，这一举措降低了甘竹滩发生事故的概率。[①]

民国年间桑园围多次大水，围董会多能积极组织救灾。1947 年西江大水，甘竹滩水势蔓延，围董会围董亲自勘察堤围，组织十四堡加高培厚甘竹滩堤段。1949 年，西江、北江、东江又有特大洪水，对桑园围危害甚大。桑园围围董会的董事梁仲衡，副董事谭秋润、李兆福，在洪灾发生之后立即组织救灾。由于大雨多日不停，轮船停航，为施救增加了难度。在政府的支持下，围董会征用商号里的电船、各乡的三轮车和自行车，将能用上的运输工具都派上用场，打出"基围是我们的命脉，护堤是我们的责任"[②]的口号，号召十四堡积极救灾。最终，在顺德县政府、南海县政府、围董会、各乡商户、普通民众、海外华侨等通力协作下，桑园围又一次渡过难关。

可见，民国时期桑园围水利建设在围董会的组织之下是有一定进展的。但由于局势动乱不断、国民党统治的腐朽，投入水利建设的资源毕竟有限。尤其是日军侵占广东后，珠三角地区民众背井离乡、生存艰难，围董也多有逃亡。抗日战争胜利

---

① 《龙江水利史》，第 102 页。
② 九江儒林文化社编印：《1949 年南顺桑园围抢救特刊》，1949 年，第 23 页。

之后，围董会得到恢复，但由于局势不靖，对基围水利设施的管理难以落到实处。直到新中国成立后，对桑园围的管理才进入另外一个阶段。

创造奇迹

溺斃搭客寶逾二百

又把婆以民族渡惨劇，爲四邑渡空前所来有，惟

再往航政管理局、叩詢一切、因局長桃伯孤出巡未返、晤該局第二科科長王新元，據其發表談話複要如次，捜王科長歐，民族渡沉後、一邡、憶勢賞太賤重而其原因固爲觸礁、（于氏謂其網惜情形、亦根據該局調查員梁家烈之普面報告、巳見上、玆從累）、溺斃搭客人數、恐在二百人以上、現退屍尚未全撈起、所料在船內遺屍必多、据闻警事時、該渡壬夷者關附輪門、致溺斃者特衆、現本局對於此事、巳派技術員古炎祥、現赴佛渡恳放、拼把恰借之衆在惰形。

香港《工商日报》关于民族渡失事的报道

甘竹滩洪潮发电站

桑园围俯瞰图（梁兆林摄）

2020年12月8日，桑园围入选第七批世界灌溉工程遗产。《人民日报》2021年2月16日报道桑园围

整顿桑园围

　　1949年10月1日，新中国成立；10月底，广东地区解放，人民解放军进驻顺德和南海，在顺德成立军事管制委员会，负责顺德地区的水利建设等工作。1950年3月，撤销军事管制委员会，成立顺德县人民政府。新中国自成立之日起，便十分重视水利建设，开启了对全国水利的大整顿工作。在政府的推动之下，桑园围的堤围冲决问题得到解决，水害化为水利，在联围筑闸、整治险段、电力排灌等方面创造了一个又一个奇迹，堪称成就斐然。这些成就主要集中在以下几个方面。

　　第一个方面，整治桑园围的险段。新中国成立之前，桑园围的堤围大多比较低矮，加之子围的增筑、堤上林木遭破坏、居民的私葬行为等问题，桑园围防洪能力较弱。对不法行为，虽有制度约束，但所起效果往往有限，一遇洪水，往往多个险段被同时冲决，给桑园围造成严重危害。从桑园围建立到新中国成立之前，吉赞横基、李村基等一直是险要基段。此外，苏万春基、三角塘、文澜书院等基段，樵北大围的龙湾基、国泰基、大岸基等，皆是险要地段。单就顺德而言，西基的竹树坡、观音庙、黄泽基、相公庙、吴家祠到牛路口堤段，东基的东基大坝至横水渡堤段等都属险要。这些险段的共同特点是前临大海、后枕深塘、坐湾顶冲。

如此多的险要堤段，如果不能有效处理，洪水来时，后果不堪设想。

20世纪50—60年代，当地政府成立南顺桑园围管理处，通过削坡退建、抛石护脚、以石砌岸等措施，对桑园围的险段进行修整。针对李村基险段，南顺桑园围管理处采取加高培厚、削坡退建、裁弯取直等方式，新筑堤段1.1公里，使李村基不再像以往一样动辄被冲决，有效维护了附近的农业生产。1950—1953年，在东基大坝口至横水渡堤段，主要采取修筑石坝的措施，一共修筑了5条石坝，并沿堤段抛石护坡脚565米，共用石5.6万立方米；1956—1957年，在西基相公庙修筑石坝两条，抛石护坡脚380米，共用石3.6万立方米；1960年，在西基黄泽基险段削坡退建，抛石压坡脚及砌石护岸共720米；1963—1964年，对甘竹滩吴家祠至牛路口险段进行整治，抛石护坡脚、以石砌岸共740米，用石1.3万立方米。1970年，勒流北胜围并入桑园围龙江段，其中的上三漕险段成为联围后桑园围的最险要地段。为了整治三漕口险段，1976和1985年修筑石坝两条、抛石护岸500米，1994年再度对这一险段进行加固，防洪效果明显提高。

除直接抛石护岸加固堤围外，还重点解决桑园围内的暗窦等隐患，大规模清除水涌内的废弃物。1952年，珠江水利工程局组织炸除甘竹滩三大礁石之一的"香炉石"[1]，为确保轮船航行安全创造了条件。1957年对甘竹左滩上针铺进行了100多天的清理，并用石灰填埋夯实。此后还对龙田水闸至麻祖岗堤段进行修护，清理出大量石头、树头、瓦砾。

第二个方面，对原有基围进行加高培厚。新中国成立后，针

---

① 广东省顺德县水利志编纂组：《顺德县水利志》，1990年，第8页。

对原有基围薄弱的缺点,政府在原有堤围的基础上进行加高培厚。1950 年开始,顺德按照省政府制定的 50 年一遇洪水标准开始培固堤围,各地区结合生产能力制定适宜的方案,进行培土、抛石护脚、填塘固基等工程,大大提高了基围的抗洪能力。例如,1965 年对西基牛路口至沙涌闸堤段进行裁弯取直,对基围加高培厚,填筑外坡脚小塘 2 个。直到 20 世纪七八十年代,加高培厚的行动还在持续。

第三个方面,联围筑闸。新中国成立后,珠三角普遍进行了联围筑闸的工程,许多矮小围联成较大的堤围,分散小围联成大片。到 1974 年,佛山原来 1 万多个低矮基围,联成 500 多个江海堤围,建造水闸 2220 座、涵洞 69333 个,捍卫城乡人口 537 万,保护农田 619 万亩。樵北大围和桑园围也是在此时实现联围的。1970 年代,龙江的定安围和原属于勒流的北胜围并入桑园围,联围后修建了东海水闸,废弃了原来的龙江新闸、二度闸、三都闸、闸北水闸和东基同庆围、同德围堤段,缩短堤围 4 公里多,使顺德龙江所属堤段 24.6 公里缩减为 19.927 公里。东海水闸、里海水闸和甘竹滩水闸等新建的水闸发挥了重要的作用,尤其是甘竹滩水闸,曾是顺德最大的也是唯一用横推门的船闸,它的建成使甘竹险滩变通途。

第四个方面,整治桑园围河道。主要是清理河道周边的废弃物品,在河口区对河道进行疏浚,挖走河道中的淤泥。此举既疏浚了河道,又将低洼积水的耕地抬高,便于排灌,维护了农业生产。

总而言之,以上种种对桑园围的整顿措施,使桑园围从前许多险段变为平堤,解决了洪水冲决的隐患,维护了桑园围内民众的生命财产安全。

大联围行动

新中国成立后，为了有效防范洪水，保护珠三角地区的农业生产，政府采取将大小堤围联合在一起的措施，开始了宏大的联围行动。这一行动从新中国成立开始，一直持续到20世纪70年代，最终将珠三角地区大小数百个堤围连接为一个整体，创造了堤围联合史上的奇迹。

联围采取的总方针是："以防洪防潮为主，结合排灌，照顾交通，联合原有堤防，塞支强干，缩短堤线，使之成为完整的堤围，增强防洪防潮力量，在主要涌口建筑涵闸，解决排灌和航运交通。"[①]大联围之后的堤围有效增强了防洪效果，同时也使西江、北江的航运更加便利，建立了四通八达的水上交通网络。

联围的第一个阶段是20世纪50—60年代，成果颇丰。以顺德地区为例，此时完成联围的有顺德第一联围、中顺大围均安围、南顺联安围、齐杏联围等。联围工程的完成，使旧中国遗留下来的基围破烂面貌有了根本的改变，初步建成了一个比较完整的、合理的、崭新的堤围体系。其中，规模最大的当数跨越南海顺德的南顺第二联围。

南顺第二联围总面积151平方公里，农业耕地面积8.3万亩，联围之前大大小小的堤围有21个[②]，跨今佛山市禅城区南庄镇（2003年之前属于南海市）、顺德区北滘镇和乐从镇。大联围

---

① 广东省顺德县水利志编纂组：《顺德县水利志》，1990年，第59页。

② 具体是东西围、白驹围、蟠龙围、磐石围、同乐围、南安围、保安围、凤安围、禾益围、义和围、大沙围、华南围、萝卜围、陈地围、嘣蚵翼围、上下围、兴隆围、西围、大生围、狗臂沙围、柳洲围等21个。见南顺第二联围水利志编写组《南顺第二联围水利志》，2009年10月，第1页。

于1955年冬季开始，到1957年竣工，工程建设分为两期。第一期是1956年，主要修筑了顺德三洪奇水闸、白鸽嘴水闸、北滘沙水闸。第二期1957年开始，主要修筑了菊花湾水闸、路州节制闸。经过两期建设，把南海、顺德21个堤围联筑成一个大围。20世纪70年代，南顺第二联围进行了多次调整和扩建。例如，1973年冬，将南庄公社向外迁建吉利水闸，将上田围、吉利圩、良宝沙围也纳入联围的范畴。1976年11月，顺德组织北滘、沙滘、勒流三个公社在马村涌口兴建良马水闸、良马船闸，在蚬肉迳涌口兴建蚬肉迳船闸，并且把北滘的三丰围、现龙围和勒流的翁花沙围并入大围之中。最终形成的南顺第二联围堤围全长71公里，而且修建了涵闸、泵站等一系列水利枢纽，建立了较为完善的防洪排涝工程体系，全围防洪能力达到防御五十年一遇洪水标准，排涝能力达十年一遇、两天暴雨一天排干的标准。

与南顺第二联围的联围进程相近，桑园围也从20世纪50年代至70年代，实现了与樵北大围的联合，形成如今的"樵桑联围"。樵北大围位于南海、三水两地交界处，联围之前包含南海的大良围、大栅围、巾子围、蚬壳围、上桑围、仙迹围、大有围、孝墩围、闩门围等9个围，也包括三水的大路围、白坭围、溪陵围、蚬塘围、银洲围、雄旗围、黄家围等7个围，一共16个小围。从光绪十一年（1885）开始，大栅围、大有围、大良围、巾子围、大路围、蚬壳围已经实现一定程度上的联合，但规模并不大。1952年，政府有计划、有系统地进行联围筑闸，修建了官山水船闸、角里节制闸，疏浚排水河道38.56公里（上灶至官山海口24.9公里，西城至石龙、丹灶至渡滘两支流13.66公里），整治龙湾基险段800米，培修加固10余段堤岸，共完成混凝土浇注13006立方米、石方31741立方米、土方2045322

立方米，工程费310万元。① 经过一年的建设，1953年樵北大围实现联围。

而桑园围在新中国成立后设立了南顺桑园围管理处，1950—1957年，对李村基进行削坡退建，裁弯取直，增筑堤围1.1公里。1958年开始，对冠甲大塘、文澜书院两险段抛石护岸，填塘固基。"到1990年止，共完成土方287.6万立方米，石方7.47万立方米，2002年，全围已达到百年一遇防御标准。"② 1953年，珠江水利工程总局与省水电厅上报水利工业部，将樵北、桑园两围联围称为樵桑联围，如今我们看到的长116公里的樵桑联围，便是联围筑闸之后形成的。

20世纪50年代樵桑大围初步联合之后，政府因地制宜多次对樵桑联围进行调整。70年代，桑园围顺德段扩大联围工程，顺德龙江的定安围和原属于勒流的北胜围并入桑园围之中。

定安围，建于清同治年间，属顺德龙江堡，全长660多丈，内有定安水闸一座。北胜围，道光年间修筑，属顺德勒楼堡，位于顺德支流东南岸，龙江的东南地区，毗邻桑园围顺德段，内有水闸一座。北胜围和定安围并入桑园围后，新建东海水闸，废弃了原来的龙江新闸、二度闸、三都闸、闸北水闸与东基同庆围、同德围堤段，缩短堤围4公里多，使顺德龙江所属堤段从24.6公里缩减为19.927公里。新的堤线更为合理，进一步加强了抗洪排涝能力。定安围和北胜围的并入，也是桑园围历史上最后一次对基围的调整和扩建。

---

① 《南海市西樵山旅游度假区志》，广东人民出版社，2009年，第158页。
② 《南海市西樵山旅游度假区志》，广东人民出版社，2009年，第158页。

甘竹滩奇迹

甘竹滩位于桑园围西堤之尾，位于甘竹滩的甘竹溪是西江下游通向北江一条支流的入口处，也是广州经顺德前往江门、肇庆、梧州等地的重要航道。甘竹滩中有象山，当西江之冲。由于滩口淤积泥石较多，水道较为狭窄，而地理位置的特殊性，使其既受到西、北江之水的影响，也受到潮汐的影响，加上滩底有错乱的暗礁，洪水来临时，波涛汹涌，船只难以通行，即便通行也有触碰暗礁的危险。因此，甘竹滩又有"鬼门关"之称，行人闻之色变。

1937 年，"民族渡"轮船从广州开往江门，行至甘竹滩时，触碰三大暗礁之一"香炉石"而翻船，造成数百人罹难的惨剧。事故发生后，政府第一时间下令封锁了甘竹滩，禁止船只通行，并商议炸掉甘竹滩暗礁。但由于种种原因，炸掉甘竹滩暗礁的方案未能全部施行。新中国成立后，政府积极解决甘竹滩险滩难题。1952 年 3 月，鉴于甘竹滩凶险无常，在广东省政府的支持下，珠江水利总局炸除甘竹滩"香炉石"礁石 300 多个立方，一定程度上减轻了通航危险度。一定程度上缓解了甘竹滩的现况，但甘竹滩的"水害"并未得到彻底消除。

进入 20 世纪 60 年代，甘竹滩依然是凶险万分的航道。与此同时，电力排灌被广泛应用于抗洪救灾当中，顺德的农业用电需求增大，加上工业也得到一定程度的发展，用电需求随之增多。为了降低甘竹滩的通航难度，满足工农业发展日益增多的用电需求，顺德县政府决定在甘竹滩建立一座潮汐发电站，以期化水害为水利。1970 年 12 月 6 日，顺德县革委会召开会议通过了修建甘竹滩水电站的决定。12 月 11 日，召开各公社、镇和部门负责人会议，宣布建站计划。工程计划分两期进行：第一期在滩口左岸建站，装机 2000 千瓦，在右岸建 12 米孔宽船闸一座；第二期在滩口建站，总装机 3000 千瓦。同时提出的还有"自己设计、自己施工、自己制造设备、自己安装、自筹资金器材的'五自'建站方针"。①

1971 年 1 月 1 日，第一期工程开始动工，分三个阶段进行。第一阶段是基础和引河土方开挖，于 2 月初完成；第二阶段为炸石清渣，由炸石专业队每天进行早、午、晚三次作业，经 4000 多名民工奋战将近 50 天，于 4 月初完成；第三阶段，经过基础处理后，进行水工施工，历时 4 个月，完成水下厂房和尾水管工程建设。在泄洪闸施工的同时，两台水轮发电机组开始安装，于当年 12 月竣工，经调试之后，1972 年 5 月 1 日正式开始发电。同期还建成孔宽 12.2 米的甘竹船闸，船室长 146 米、宽 15 米，堪称当时顺德县最大的船闸，解决了防洪和通航问题。

第一期工程完工后，经过全面总结，转入第二期施工。第二期工程是分四层安装 12 台 250 千瓦的水轮发电机组，总高 25 米，底层有 16 个泄洪涵，全面使用混凝土预制构件。1972 年 5 月开始备料和预制，8 月 18 日堵塞甘竹滩口，之后经过修筑防水堤、抽干河水、爆石清基，转入施工阶段。1974 年 2 月，水电站机电设备全部安装完成；5 月 1 日，正式开始发电。

甘竹滩洪潮发电站几乎集顺德全县之力（第一期工程有 5000 名顺德民工参与，第二期工程有 7000 名顺德民工参与）去建设，耗时三年多，最终于 1974 年彻底完成，这也是中国首座微水头发电站。甘竹滩发电站年发电量达 1200 万千瓦时，解决了顺德及临近地区居民和工农业用电问题。除发电功能外，甘

---

① 广东省顺德县水利志编纂组：《顺德县水利志》，1990 年，第 102—103 页。

竹滩洪潮发电站又有防洪、灌溉、航运等多种功能。发电站建成之后，甘竹滩附近的良田得到庇护，珠江水运更加发达，也一定程度上缓解了上游桑园围险段的防洪压力。甘竹滩洪潮发电站的建设，引起了省、市各级领导的高度重视，多位领导人亲赴发电站工地视察。1978年，甘竹滩洪潮发电站获得全国科学大会奖。随着时代的发展，发电站的发电量已经不能满足需求，维护成本也在不断提高。2009年，甘竹滩洪潮发电站正式"退役"，全面停止发电功能，但航运和防洪功能在今天依然发挥作用。

现在我们站立在甘竹滩头，仍然可以看到洪潮发电站的旧机房、联通左滩村和右滩村的甘竹船闸，这些遗迹都在诉说着甘竹滩曾经的辉煌。2018年以来，顺德龙江镇不断开展对洪潮发电站的活化工作，陆续建立了洪潮发电站历史展示馆、顺德中心沟围垦历史展示馆、甘竹滩广场、甘竹滩红色教育基地、桑园围与龙江水利历史展示馆、龙江甘竹艺术展览馆等，大力弘扬以甘竹滩精神为代表的顺德精神。2020年12月，桑园围入选世界灌溉工程遗产名录之后，在此建成世界灌溉工程桑园围碑、桑园围观景台、桑园围黄公堤旧址碑等。甘竹滩，桑园围的尾巴，已经成为见证千年历史变迁的旅游胜地。

结　语

　　桑园围是广东著名的大型水利工程，也是传统基围水利工程的巅峰之作，位于南海和顺德境内珠江干流之一西江的下游，是西、北江干流的主要堤围。相传桑园围始建于北宋徽宗年间，几年后扩建，此后的元明清三朝600多年陆续建造了大量小围和子围。明代黄萧养之变后，顺德设县，南海桑园围境内的龙江、龙山、甘竹三堡划归顺德，桑园围因此成为横跨南海、顺德两县的大围。从明代到清初，在桑园围的维护上，南、顺两邑秉承互不相派的传统。到了清代中晚期，在顺德龙山堡温汝适等人努力之下，顺德三堡承担了通修桑园围的义务，桑园围实现南、顺十四堡全围通修，并获得国家帑息银资助。民国初期，对桑园围顺德段进行加高，以1924年顺德三口筑闸为标志，桑园围从开口围成为闭口围，联围得以成功完成，桑园围成为一组完整的大型水利工程。中华人民共和国成立后，桑园围进一步与樵北大围联合，政府对顺德段进行扩展，将顺德龙江的定安围、北胜围纳入桑园围，形成如今的樵桑联围，这也是桑园围历史上最后一次扩大和调整。

　　桑园围全长68.85千米，围内面积133.75平方千米，捍卫农田

1500公顷，因围内有不少桑树园而得名。桑园围跨南海和顺德，在南、顺互不相派的传统持续了数百年之后，最终在顺德温氏家族的积极奔走之下，顺德三堡加入修筑桑园围的队伍中，顺德的士绅、堡民与南海十一堡联合共同为维护桑园围而不断付出，使桑园围成为岭南地区唯一获得国家拨款修筑的大型水利工程，提升了桑园围的影响力。民国至新中国成立初期，也正是在国家水利政策及顺德人的不断配合下，桑园围联围得以实现，围内的河涌、窦闸、堤田、子围、祠堂、庙宇、碑刻等多种与水利相关的文化成果得以保存，奠定了桑园围申报世界灌溉工程遗产的基础。因此，顺德在桑园围历史上的地位不可忽视。2020年12月，桑园围成功入选世界灌溉工程遗产，这是广东省第一个世界灌溉工程遗产项目，也是目前世界灌溉工程遗产中历史文化遗存最多的项目，对桑园围与广东都具有特殊的意义。

需要强调的是，这个"遗产"的内容是十分丰富的：既包括集水运、灌溉、防洪于一体的基围水利工程，也包括围内仍然存在的窦闸、子围等传统水利遗产，也包括桑园围的民众为了传承桑园围历史而编修的《桑园围总志》《重辑桑园围志》《续桑园围志》等囊括桑园围经济、政治、人文等特色的文化遗产，还包括千年历史变迁中桑园围民众遗留下来的精神。这些精神是广府人精神中较为辉煌灿烂的部分。概括起来，桑园围传承千年的精神主要包括以下几个方面。

首先是敢为人先的首创精神。不论是九江堡人陈博民千里迢迢远赴京师上奏皇帝请求允许堵塞倒流港，最终联合十八堡民众修筑绵亘九千丈的桑园围；还是甘竹堡人黄岐山为防水患，以石重筑鸡公围；还是温汝适、温汝能、何元善等人力促南、顺十四堡打破畛域之分，使顺德三堡积极承担桑园围维修义务，最终实现桑园围全围通修；还是顺德县县长邓雄主持顺德三口筑闸，使桑园围从开口围变成闭口围，得以实现联围；还是新中国成立后对桑园围整顿险段、联围筑闸、加高培厚的措施，以及甘竹滩洪潮发电站的建成，最终使水害化为水利，都是珠三角居民敢为天下先精神的反映，也是桑园围的文化价值所在。

其次是因时制宜的变革精神。桑园围在建立之初只是脆弱的土基，清代中后期为了增强抵御洪水的效果逐渐改筑石堤，民国及新中国成立后更是不断更新措施，对桑园围进行抛石护脚、裁弯取直、整治河岸等。尤其是 20 世纪 60 年代，电力排灌技术的运用，极大提高了桑园围的排涝能力。在管理方式上，桑园围在明代由各堡基围附近的业户负责日常维护；清代成立桑园围总局，此后将基段划分，催生出基段专管的基主制度；民国时期设立围董会；新中国成立后代之以水利委员会等新型的管理机构。桑园围不论是从技术还是从管理上都随时代变化而调整，这是因时制宜的变革精神。

最后是守望互助的团结精神。桑园围从无到有，从脆弱到坚固，从零星的土基到连缀成长 60 多公里的大围，并不是某个人或者某个地区凭一己之力完成的，而是桑园围内民众 1000 年来坚持团结互助的结果。陈博民首创桑园围时，并非仅仅依靠他的家乡九江一堡，而是联合了南海的十八堡居民；温汝适更是主张南、顺十四堡互助合作；民国初年，桑园围下游筑闸联围时，也是顺德联合南海共同完成的；新中国成立后甘竹滩洪潮发电站的修建，几乎动用了顺德全县之力。顺德人至今仍然感叹于建设甘竹滩洪潮发电站的壮举，民间还流传着"现在每位顺德人身边都有一位参与甘竹滩发电站工程建设的父辈"的说法。虽然桑园围内顺德和南海、上游和下游各堡之间也发生过纷争，但每当洪水来临，他们都能够团结互助、共渡难关。这些都彰显了他们守望互助的团结精神。

　　桑园围是承载珠三角文明发展和见证珠三角沧桑巨变的基围水利工程体系，是岭南水乡经济社会发展的重要基础和文化符号。桑园围留下来的宝贵物质和精神遗产，是广府文化体系中十分宝贵的部分，既是岭南的，也是中国的，更是世界的，值得后世传承和发扬。